本项目受国家自然科学基金委员会重大研究计划
"近空间飞行器的关键基础科学问题"资助

"近空间飞行器的关键基础科学问题"指导专家组

组　长：杜善义

专　家：方岱宁　胡海岩　任　章　王振国　樊　菁　叶友达

国家出版基金项目
NATIONAL PUBLICATION FOUNDATION

总主编 杨 卫

近空间飞行器的
关键基础科学问题

Key Basic Scientific Problems on
Near-Space Vehicles

近空间飞行器的关键基础科学问题项目组 编

ZHEJIANG UNIVERSITY PRESS
浙江大学出版社

总　序

合抱之木生于毫末，九层之台起于垒土。基础研究是实现创新驱动发展的根本途径，其发展水平是衡量一个国家科学技术总体水平和综合国力的重要标志。步入新世纪以来，我国基础研究整体实力持续增强。在投入产出方面，全社会基础研究投入从 2001 年的 52.2 亿元增长到 2016 年的 822.9 亿元，增长了 14.8 倍，年均增幅 20.2%；同期，SCI 收录的中国科技论文从不足 4 万篇增加到 32.4 万篇，论文发表数量全球排名从第六位跃升至第二位。在产出质量方面，我国在 2016 年有 9 个学科的论文被引用次数跻身世界前两位，其中材料科学领域论文被引用次数排在世界首位；近两年，处于世界前 1% 的高被引国际论文数量和进入本学科前 1‰ 的国际热点论文数量双双位居世界排名第三位，其中国际热点论文占全球总量的 25.1%。在人才培养方面，2016 年我国共 175 人（内地 136 人）入选汤森路透集团全球"高被引科学家"名单，入选人数位列全球第四，成为亚洲国家中入选人数最多的国家。

与此同时，也必须清醒认识到，我国基础研究还面临着诸多挑战。一是基础研究投入与发达国家相比还有较大差距——在我国的科学研究与试验发展（R&D）经费中，用于基础研究的仅占 5% 左右，与发达国家 15%~20% 的投入占比相去甚远。二是源头创新动力不足，具有世界影响力的重大原创成果较少——大多数的科研项目都属于跟踪式、模仿式的研究，缺少真正开创性、引领性的研究工作。三是学科发展不均衡，部分学科同国际水平差距明显——我国各学科领域加权的影响力指数（FWCI值）在2016年刚达到0.94，仍低于1.0的世界平均值。

中国政府对基础研究高度重视，在"十三五"规划中，确立了科技创新在全面创新中的引领地位，提出了加强基础研究的战略部署。习近平总书记在2016年全国科技创新大会上提出建设世界科技强国的宏伟蓝图，并在2017年10月18日中国共产党第十九次全国代表大会上强调"要瞄准世界科技前沿，强化基础研究，实现前瞻性基础研究、引领性原创成果重大突破"。国家自然科学基金委员会作为我国支持基础研究的主渠道之一，经过30多年的探索，逐步建立了包括研究、人才、工具、融合四个系列的资助格局，着力推进基础前沿研究，促进科研人才成长，加强创新研究团队建设，加深区域合作交流，推动学科交叉融合。2016年，中国发表的科学论文近七成受到国家自然科学基金资助，全球发表的科学论文中每9篇就有1篇得到国家自然科学基金资助。进入新时代，面向建设世界科技强国的战略目标，国家自然科学基金委员会将着力加强前瞻部署，提升资助效率，力争到2050年，循序实现与主要创新型国家总量并行、贡献并行以至源头并行的战略目标。

"中国基础研究前沿"和"中国基础研究报告"两套丛书正是在这样的背景下应运而生的。这两套丛书以"科学、基础、前沿"为定位，以"共享基础研究创新成果，传播科学基金资助绩效，引领关键领域前沿突破"为宗旨，紧密围绕我国基础研究动态，把握科技前沿脉搏，以科学基金各类资助项目的研究成果为基础，选取优秀创新成果汇总整理后出版。其中"中国基础研究前沿"丛书主要展示基金资助项目产生的重要原创成果，体现科学前沿突破和前瞻引领；"中国基础研究报告"丛书主要展示重大资助项目结题报告的核心内容，体现对科学基金优先资助领域资助成果的系统梳理和战略展望。通过该系列丛书的出版，我们不仅期望能全面系统地展示基金资助项目的立项背景、科学意义、学科布局、前沿突破以及对后续研究工作的战略展望，更期望能够提炼创新思路，促进学科融合，引领相关学科研究领域的持续发展，推动原创发现。

积土成山，风雨兴焉；积水成渊，蛟龙生焉。希望"中国基础研究前沿"和"中国基础研究报告"两套丛书能够成为我国基础研究的"史书"记载，为今后的研究者提供丰富的科研素材和创新源泉，对推动我国基础研究发展和世界科技强国建设起到积极的促进作用。

第七届国家自然科学基金委员会党组书记、主任

中国科学院院士

2017 年 12 月于北京

前　言

　　"近空间飞行器的关键基础科学问题"重大研究计划（以下简称本重大研究计划）是我国第一个系统性的高超声速基础研究计划，从 2007 年立项实施，到 2016 年顺利结题，历时九年，共资助项目 173 项，资助总经费 1.9 亿元。本重大研究计划从国家重大需求和学科发展出发，聚焦近空间飞行环境下的空气动力学、先进推进的理论和方法、超轻质材料/结构及热环境预测与防热、高超声速飞行器智能自主控制理论和方法等四个核心科学问题，通过顶层设计、主动引导、重点布局、动态调整、集成创新、促进交叉等方法和手段，开展了系统性基础研究。

　　本重大研究计划在学科前沿领域创新理论和方法、技术方法的源头创新等方面取得了系统性的创新研究成果。评估专家组认为，本重大研究计划实施后，我国在近空间高超声速飞行器研究领域构建了具有中国特色的高超声速飞行器的基础研究框架，全面提升了核心科学问题的研究能力，填补了多项理论与技术方法的空白，有力支撑了国家重大工程关键技术的突破，综合研究水平已跻身国际前列，实现了跨越式发展。同时，本重大研究计划为我国高超声速飞行器研究凝聚、培养了一批优秀人才和创新团队，他们中的一部分已经成长为我国高超声速飞行器基础研究和关键技术攻关的中坚力量。

本重大研究计划结束三年来，近空间高超声速飞行器技术的战略性、革命性、颠覆性得到了更大的共识，获得了世界各大强国以及有着强国梦想的国家前所未有的重视。近空间高超声速飞行器技术研究进展空前迅猛，已经从关键技术研究转向武器装备研发，呈现出加速转化、加速部署的态势。我国多项关键技术取得突破，系列飞行试验取得成功，引起世人关注，不仅呈现出加速发展的态势，而且从跟跑跻身于领跑行列。这得益于综合国力的不断提升，得益于广大科研工作者的不懈努力，更得益于基础研究的系统性布局，彰显了本重大基础研究计划的战略性、前瞻性和关键性贡献。美国《航空周刊》称本重大研究计划为协调有效、举国发力的高超声速科研计划，不仅具有惊人的深度、广度，而且在相对较短的时间里就取得了多到令人眩晕的重大成就。

在本重大研究计划结束后的三年里，在"先进高超声速武器"（AHW）项目基础上，美国海军、空军和陆军重点支持了以"高超声速常规打击武器"（HCSW）、"空射快速响应武器"（ARRW）、"通用型高超声速滑翔体"（C-HGB）、"远程高超声速武器"（LRHW）等项目为代表的潜射/陆射/空射型高超声速助推滑翔导弹武器型号的研制；美国国防高级研究计划局（DARPA）依托"高超声速吸气式武器概念"（HAWC）项目，继续推动高超声速巡航导弹技术验证，涡轮基组合循环发动机（TBCC）地面验证也取得重要进展；洛克希德·马丁公司、波音公司公布了高超声速飞机概念方案及研制计划；为了加强基础研究和技术转化，美国继续实施"高超声速国际飞行研究试验"（HIFiRE）计划，推出了"高频次、低成本高超声速飞行试验平台"（HyRAX）项目，将编号 X-60A 授予 "GO发射者一号"（GO1）高超声速飞行试验平台，用于低成本、大规模地开展超燃冲压发动机、高温材料和自主控制等一系列高超声速技术的飞行试验。俄罗斯在高超声速武器领域获得了突飞猛进的发展，"匕首"空射高超声速导弹和"先锋"高超声速战略洲际导弹或已列装，进入战斗值班状态，俄罗斯成为世界上第一个正式装备高超声速武器的国家，还在全力以赴加速推进"锆石"高超声速导弹的研制。欧、日等国家和地区继续探索高超声速飞机技术和概念，英国在"佩刀"发动机关键技术突破后开始实施空天飞机研制计划，都可能在高超声速飞行平台领域掀起新的变革。

在这三年里，随着我国高超声速技术的崛起，全球高超声速业界都将目光聚焦中国。除了国外媒体陆续报道我国高超声速飞行器技术取得系列飞行试验成功外，东风-17正式亮相庆祝中华人民共和国成立70周年阅兵式，引起世界轰动；本重大研究计划资助的"凌云"临近空间高超声速通用试飞平台公开亮相，有力支撑了超燃冲压发动机等高超声速关键技术的研发，迄今为止性能最先进的爆轰驱动高超声速激波风洞引起国际同行的广泛关注；高超声速飞行器边界层转捩飞行试验取得圆满成功，"星空-2"高超声速飞行试验验证了新一代乘波体气动外形设计、疏导式热防护、静不稳定控制等先进技术；商业航天公司研发的"天行1号""重庆两江之星"飞行试验成功，为提高对高超声速飞行的认知和助力技术转化提供了更为广泛的平台；"飞行风洞实验室"具有形成系列化的趋势；中国的可重复使用运载器计划和"腾云"空天飞机工程公开，吸气式组合循环发动机技术通过试验验证；"I-plane"新型高超声速气动布局和耐高温陶瓷基复合材料等基础性与创新性研究成果发表于国内外知名期刊。上述进展，不仅清晰地反映了中国在高超声速技术领域的成果和影响力，而且显示出基础研究能力、自信力和创新力的提升。

高超声速技术是未来空天领域的战略制高点，不仅可以保障国家安全，助力经济发展，变革性地造福民生，而且可引领和带动科技进步，体现科技能力。本重大研究计划的实施和后续发展，基本验证了我们对高超声速技术发展态势的把握。同时我们也深深认识到，高超声速技术刚刚揭开了序幕，广泛和成熟应用还任重道远，基础研究依然是提高对高超声速飞行认识和技术突破的基石，产生原创性成果和实现领跑的战略引擎，注重前瞻性布局是抢占科技制高点的重要法宝，充分发挥基础研究在创新全链条中的作用是满足国家重大需求的关键，高水平、稳定规模的研究队伍是实现跨越式发展最为重要的保障。十九大报告中指出，要"瞄准世界科技前沿，强化基础研究，实现前瞻性基础研究、引领性原创成果重大突破"。本重大研究计划虽然结束了，但高超声速技术基础研究更需加大力度，在新的起点上有新的需求，才能为航天强国、民族复兴奉献更大的力量。

　　本书成稿离不开参研本重大研究计划的依托单位天津大学、中国航天空气动力技术研究院、中国科学院大学、北京航空航天大学、中国科学院力学研究所、四川大学、中国空气动力研究与发展中心、国防科技大学、南京航空航天大学、西北工业大学、北京大学、哈尔滨工业大学、清华大学、大连理工大学、武汉科技大学、航天材料及工艺研究所以及全体参研人员的辛勤付出，在此表示衷心感谢。

2019 年 11 月于哈尔滨

目　录

第3章
重大研究成果

第4章

展　望　　111

参考文献　　

成果附录　　

索　引

第1章 项目概况

1.1 项目介绍

近空间一般是指 20~100km 的空域，其大气密度变化剧烈。很长一段时间内，这个具有"特殊"大气环境特征的空域在空天飞行器的发展中被忽略，或由于其特殊科学问题的"高难度"而使科学家们被迫放弃深入探索。现代科技的发展表明，如果充分利用这个空域"稀薄"的空气提供飞行器气动升力和吸气式发动机的"氧化剂"，可以减缓气动阻力和气动加热，使得高效、可靠的大气层内高超声速飞行成为可能。也正是这层"稀薄"的空气带来的诸多困难，为人类认知能力和技术实现带来艰巨的挑战。

近空间飞行器是指能充分利用近空间环境特征、稳定运行于近空间的各类飞行器，是实现快速远程输送、精确打击、远程实时侦察、持久高空监视、情报搜集和通信中继等任务最为有效的手段，其特殊的战略价值已受到世界各国的重视。因此，近空间飞行器的发展涉及国家安全与和平利用空间，是目前国际竞相争夺空间技术的焦点之一，是综合国力的体现。近空间高超声速飞行技术已成为 21 世纪国际空天技术竞争的战略制高点，许多发达国家都将其列为国家的重要战略目标。

助推－滑翔式机动飞行技术和高超声速巡航技术是美、俄等国近十年来重点发展的技术方向，采用主动段压低弹道、高升阻比外形和特殊防隔热设计等技术手段，实现在近空间区域的长时间高马赫数（Mach number，Ma）飞行。在助推 – 滑翔式机动飞行技术方面，以美国国防高级研究计划局（DARPA）和美国空军联合支持的 HTV-2 项目以及美国陆军支持的先进高超声速武器（AHW）等为代表性项目，针对助推滑翔高超声速飞行器技术展开研究。HTV-2 分别在 2010 年和 2011 年完成两次试飞，均以失败告终。在高超声速巡航技术方面，20 世纪 90 年代中期，美国国家航空航天局（NASA）提出的"先进高超声速吸气式推进计划"（Hyper-X），其目的是研究并验证可用于高超声速飞机和可重复使用天地往返系统的超燃冲压发动机技术。Hyper-X 计划的 X-51A 已经有两次成功的飞行，但还只是一个动力系统验证。同时，美国空军和海军也部署了 HyTech、HyFly 计划。俄罗斯以"白杨 -M"导弹作为对抗美国导弹防御系统的有效手段；同时正在研制一种名为"鹰"（IGLA）的高超声速试验飞行器，飞行马赫数为 6~14，使用氢燃料发动机，主要用来研究高超声速试验飞行器的机体 / 推进一体化和飞行动力学等重大技术问题。

发展近空间高超声速技术的战略需求，来自于国家利益保障、国家安全、国民经济可持续发展的需求牵引以及科学探索和技术推动的要求。我国在近空间飞行器领域特别是相关的基础研究方面起步较晚，且技术积累较为薄弱。2006 年，国务院从国家战略布局出发，颁布了《国家中长期科学和技术发展规划纲要》（2006—2020 年），明确提出国防科技为维护国家安全提供保障；在 18 个基础科学问题之一"航空航天重大力学问题"中提出，重点研究高超声速推进系统及超高速碰撞力学问题、可压缩湍流理论、高温气体热力学、新材料结构力学等科学问题；同时设立了与近空间飞行器技术密切相关的多个国家级重大专项或科技工程项目。

2001 年，中国科学院数学物理学部和技术科学部的八位院士针对空天飞行器的作用、地位以及国内外形势，进行了深入调研，在《21 世纪我国空天安全面临的严峻形势和当前应采取的对策》建议书中指出，对基础研究重视不够严重制约了我国自主创新和取得应对未来空天安全所需的技术储备的能力。国家自然科学基金委员会数理科学部牵头，于 2002 年及时启动了"空天飞行器的若干重大基础问题"重大研究计划。这是我国首次在国家层面设立的有关空天飞行器基础研究的计划，旨在引导和聚集各方力量，对具有国家战略需求和原始创新思想的空天飞行器的核心问题开展研究，为引导我国未来空天飞行器的研制奠定技术创新的基础。

随着上述计划的实施，近空间高超声速飞行器技术在空天飞行器未来发展的核心作用和战略作用愈发突出，国家重大需求愈发强烈。国家自然科学基金委员会数理科学部于 2006 年组织召开了"临近空间飞行器的发展趋势和重大基础科学问题研讨会"，得到了中国人民解放军总装备部、国防科工委、航天航空部门、中国科学院和高等院校等相关部门及专家的积极响应与高度重视，认真研讨了近空间飞行器的需求背景、发展状况、核心基础科学问题和关键技术。国家自然科学基金委员会明确"基础研究要为国家重大需求服务"的指导思想，基于"重大研究计划"这种体现"坚持服务国家目标与鼓励自由探索相结合"的资助方式，于 2007 年启动了"近空间飞行器的关键基础科学问题"重大研究计划（以下简称本重大研究计划），并于 2015 年底顺利结项。

1.1.1　总体布局

近空间高超声速技术将给未来国家安全和国民日常生活带来革命性影响，成为 21 世纪国际空天技术竞争的战略制高点，许多国家都将其作为国家战略目标。本重大研究计划是"空天飞行器的若干重大基础问题"重大研究计划的延伸和升华，主要针对近空间飞行器的关键基础问题开展研究，着重解决近空间飞行器研究中的基础性、战略性和前瞻性科学问题。

相对于"空天飞行器的若干重大基础问题"重大研究计划，本重大研究计划研究方向更加集中，关键科学问题更具针对性，研究内容更具深度和挑战性。这充分体现了科学研究由泛到专、由浅到深、由量到质的认识过程。

本重大研究计划旨在形成近空间飞行器关键基础科学问题的创新理论与方法，为国家相关技术的形成与发展提供基础源泉；在技术方法的源头创新上有所突破，提升我国在相关领域的自主创新能力，支撑相关技术的跨越式发展；聚集和培养一支站在国际前沿、具有理论和源头技术创新能力的优秀人才队伍，支撑我国近空间飞行器技术的可持续发展。这即是本重大研究计划的总体目标。

本重大研究计划组织实施的总体布局遵循"有限目标、稳定支持、集成升华、跨越发展"的总体思路，围绕近空间飞行器的核心科学问题开展创新性基础研究，加强顶层设计，不断凝练科学目标，积极促进学科交叉，培养创新人才。在若干重点领域和重要方向实现跨越发展，形成一批近空间飞行器领域的创新概念、理论与方法，提升我国航空航天领域的自主创新能力，支撑国家相关技术的发展。指导专家组经过多次讨论，确定将所研究的科学问题区分为有背景需求牵引的基础研究和超前探索基础研究两个层次。在计划的实施过程中，重点突出两条主线：一是推动相关学科自身发展的基础研究，二是引领与支撑近空间飞行器应用研究和关键技术的基础研究。本重大研究计划的两条主线有机交织，为我国近空间飞行器发展形成新一代的源头创新能力和前瞻性的科技储备。

为解决本重大研究计划的核心科学问题，在实施过程中设立阶段目标，分阶段设计工作重点。

第一阶段为播种阶段，主要着力发展新理论、新方法、新概念，探索和发现未知的科学问题，全面推动相关研究工作，实现核心科学问题的全面布局。

第二阶段为成长集成阶段，重点强调基础研究战略性、前瞻性，重视基础研究对应用研究的支撑作用，促进成果的转化和辐射；强化重点方向，积极推动集成、交叉，实现重点方向的突破。

第三阶段为升华阶段，重视进一步推进深度集成和交叉，努力提高成果层次，促进成果升华；加强团队和平台建设；推动跨越式发展。

从本重大研究计划整体实施过程来看，三个阶段相辅相成，每个阶段都有确定的重点和目标；通过以点带面的方式，有效地推动了本重大研究计划各项工作的顺利实施。

为了保证高质量地完成各个阶段的目标，本重大研究计划的实施过程中采取了如下措施。

①充分发挥指导专家组顶层设计的作用。从本重大研究计划项目指南入手，注意按阶段细化指南，根据各阶段的任务和目标编制指南。在指导专家组年度会议上，根据计划实施情况，明确下一阶段需要强化的研究方向；调整各研究领域的合理布局，使得各个方向均衡发展。

②加强立项审查，确保立项质量。首先审查申请项目是否符合指南的范围和要求。对那些偏离指南要求的项目，即使研究新意大、通信评审意见好，也不给予资助。

③加强进度检查。所有项目均要在年度学术交流年会上汇报，由指导专家组对本重大研究计划的运行状态进行动态分析，及时发现问题并给出解决方案。加强对国内研究基础较弱研究方向的支持，对计划实施中偏离核心科学问题的项目及时给予纠正，对进展优秀的项目给予后续资助。同时，强化顶层设计，整合与集成相近学术方向的研究团队，形成具有统一目标的项目群。

④重视学术交流。通过学术交流年会和小型高端专题研讨会展示成果，促进交叉与合作；有计划地邀请近空间飞行器领域的工程专家到会报告、交流，使本重大研究计划课题负责人和学术骨干能够全面了解国内外相关

研究的最新动态和应用需求，推动基础研究成果的工程应用，为本重大研究计划参研人员提供了广阔的交流和合作平台。

⑤始终把人才培养放在重要地位。通过本重大研究计划培养出一批高水平的青年学术骨干，在近空间飞行器领域形成了优秀的学术团队，使我国在相关研究领域的学术研究达到国际先进水平，为近空间飞行器领域的科学研究实现可持续发展奠定了基础。

1.1.2　工作方针和实施思路

本重大研究计划的工作方针是，"需求做牵引、基础为基点；思路要新颖、探索是根本；储备于未来、跨越再提升"，即本重大研究计划立足于基础研究，注意处理好与国家重大科技专项、863 计划、973 计划等项目的区别与衔接。涉及的科学问题突出三个重点——远期、高速和共性，体现基础性和前瞻性。

本重大研究计划的总体实施思路如下：第一年度主要布局培育项目，根据申请和资助情况，分析不足和薄弱环节；第二年度主要优化布局，发展重点支持项目，及时调整资助方向和力度，对个别偏离目标的项目提出合理建议；第三年度主要强化重点支持项目，认真了解工程重大需求，制定明确的重点支持项目指南和申请要求；第四年度开始布局集成项目，根据布局调整重点支持项目指南，从优势研究方向探索组织集成项目的模式；第五年度重点布局体现顶层设计思想的集成项目，对进展突出的项目进行延续资助，充分了解参研项目的进展，认真总结成绩，及时发现问题，客观地做好中期评估工作；第六年度重点对项目进行深度集成和升华，促进小协同向大协同的深入推进，进一步形成亮点和研究特色；第七年度至第九年度为"收官"阶段，重视成果的提炼和升华，全面归纳、凝练本重大研究计划实施以来的重要进展和成果。

本重大研究计划在实施过程中始终坚持跨越发展的理念，旨在进一步夯实我国近空间飞行器高科技发展的基础研究的支持基础。坚持"有所为、有所不为"，对选定的关系到近空间飞行器未来发展的若干关键基础研究领域，集中力量，明确有限目标，重点突破，把有限的资源用在刀刃上，使我国近空间飞行器的关键基础科学问题的基础研究在国际上占有一席之地并产生重要影响。

本重大研究计划将四个核心科学问题作为重点资助领域和方向进行项目部署。指导专家组对四个核心科学问题的难点和要点进行了深入分析和分解，选择影响近空间飞行器长远发展、必须首先解决的问题以及为满足我国重大需求急需解决的基础问题重点开展研究，形成了较为合理的布局，体现了指导专家组顶层设计的思想。

强化重点支持项目是本重大研究计划的重要特色。指导专家组坚持"问题重大、学科交叉、资源整合、综合集成"的原则，根据科学问题的重要程度、成熟程度和继承程度，设置不同的重点资助方向，明确要求申请的项目应体现核心科学问题内及相互间的学科交叉和研究队伍的优势互补。例如，在提高超燃效率的"超声速燃烧传播和稳定"、我国研究基础比较薄弱的"发动机主动冷却"方面分别资助了两个重点支持项目；在针对轻质化、高性能化的"轻质/多功能材料和结构一体化设计和优化"和"新型热防护材料体系探索"方面资助了多个重点支持项目；围绕"高超声速飞行控制"问题，重点资助了姿态精细控制、自主协调控制、自适应控制及智能控制等系列重点支持项目。

同时，指导专家组和管理工作组以重点支持项目为龙头，带动相关培育项目，在中期评估后，指导专家组加强顶层设计，在前期培育项目和重点支持项目成果的基础上，采用项目群的方式进行整合研究。如在近空间飞行器气动/推进/结构耦合问题研究、超高温氧化环境下高温热防护材料与结构的多参量实验集成方法和技术研究、面向控制的近空间高超声速飞行器动力学建模与验模这三个交叉性方向上资助了集成项目，通过集成项目促进了交叉方向的协同创新能力。项目群这一方式一方面促进了课题组之间相互启发、相互借鉴、相互合作，避免了低水平重复；另一方面为不同领域的科技人员提供了基础研究的平台和学科交叉研究与交流的环境，以实现研究成果的不断提炼和升华，促进源头创新，达到集成升华的目的。

1.1.3　综合集成与学科交叉情况

当前科学研究出现了从高度分化走向交叉综合的发展趋势。近空间飞行器是一个由多个子系统组成的复杂系统，不同学科和子系统间存在强耦合。多学科交叉和一体化是其突出的特点。如果不采取多学科交叉与融合的研究途径，便难以实现理论和方法的突破，更不能获得创新的技术方法。本重大研究计划由数理科学部牵头，联合工程与材料科学部和信息科学部组织实施，促进力学、物理、化学、数学、材料科学、信息科学等相关基础学科的交叉与融合。

具体学科交叉情况体现在不同层面上：一是在核心科学问题的层面上，通过多学科交叉取得了重要的研究成果；二是强调核心科学问题之间的交叉与融合，为解决子系统中的重大科学问题起到了重要支撑作用；三是集成项目的设立和实施更是强调大学科成果的交叉融合，达到集成升华的目的，为关键科学问题的解决奠定了坚实的基础。

（1）核心科学问题主要研究方向的多学科交叉

本重大研究计划确定的四个核心科学问题，在学科上属于气动、推进、材料与结构以及控制的大学科范畴。但其中每一个研究方向成果都体现了多学科交叉与结合的作用。在本重大研究计划的引导和支持下，有相当一部分培育项目和重点支持项目在实施及完成的过程中体现了该交叉与结合的研究思想。例如："非一致边缘钝化对乘波构型气动力／热影响的基础问题研究""近空间高超声速飞行器防热减阻一体化新概念研究""高超声速飞行器减阻新方法研究"等项目通过气动力、气动热、物理学、热防护和高温材料等多学科交叉，为解决乘波构型优异的气动性能与尖锐边缘的矛盾问题、实现减阻／降热一体化提供了创新思路；"高超声速气流新概念压缩系统研究"项目通过推进和空气动力学的交叉，提出了高效的新型弯曲激波压缩系统；"超燃冲压发动机凹腔火焰稳定器多孔发汗冷却机理研究"项目涉及气动、燃烧、材料、工程热物理等多学科交叉，增进了对含多孔发汗流的凹腔火焰稳定器流动、燃烧、传热过程与机理的理解，为超燃冲压发动机热防护设计提供理论指导；"能源内置无工质微波推进的理论和实验研究"和"磁流体超燃冲压发动机技术研究"项目通过推进、微波、等离子物理等多学科交叉，为探索新型推进方法提供了有效的技术途径；"热冲击条件下超高温陶瓷 ZrB_2-SiC 的强韧化机制研究"项目通过力学、材料学、物理学、仿生学等多学科交叉，揭示了热震导致超高温陶瓷残余强度的突降机制，通过借鉴生物复合材料构造规律来改变和优化防热材料的微结构，有效地克服了陶瓷热震失效，从而在寻找材料体系之外开辟了另一条提高材料强韧性和抗热环境能力的有效途径；"含超薄金属内衬复合材料燃料贮箱变形协调控制机理研究"项目结合力学、材料科学、纳米技术、仿生学等多学科知识和方法，利用"壁虎脚仿生"原理，把碳纳米管均匀地接枝到超薄铝合金内衬表面，使得界面层强度提高了28%，保证了金属内衬与复合材料结构的变形协调；与高温长时间的防热／承载／透波一体化天线罩／窗口材料相关的研究项目更是体现了多学科交叉的特点，开展了电磁学、热防护、力学、材料学等有机结合的研究；"升力体构型的高超声速飞行器／发动机多模式切换控制技术研究""乘波构型高超声速飞行器非线性多耦合飞行动力学与控制研究""近空间飞行器结构／

气动 / 飞行集成一体化飞控系统的强鲁棒稳定智能自主控制研究"等项目都涉及气动、推进、控制等多学科交叉融合;"高超声速飞行器的非线性耦合动力学与热弹性颤振控制""高超声速飞行器气动 / 热弹性研究"等项目基于计算流体力学 / 传热学 / 计算结构动力学耦合策略,探讨了气动加热在流体 / 结构耦合系统中热传递效应的机理。

(2)核心科学问题之间的学科交叉

核心科学问题的主要研究方向和资助项目,反映了跨学科研究的布局和由小协同向大协同的进一步升华。例如:"时滞非线性气动力对高超飞行器动态特性的影响及其流动控制"项目从气动力的理论和试验研究出发,通过与动力学建模、系统辨识和飞行稳定性分析等控制学科的交叉,探索了高超声速飞行器不稳定运动产生动力学机制;"超燃冲压发动机突变控制问题研究"项目针对超燃冲压发动机控制问题,通过发动机、控制等学科交叉的研究,提出了切换控制和突变模式转换控制结合的发动机突变控制方法;"近空间高超声速飞行器结构可变形 / 热防护一体化和主动控制研究"项目融合力学、控制、机械设计等学科知识和方法,揭示了可变体机构的热防护原理、变形的力学机理与控制机制以及参数不确定性对动力学响应和控制精度影响的内在规律,解决了高维复杂不确定性可变体机构的鲁棒控制难题;"可变体飞行器气动原理与变形结构力学研究"项目融合了气动、结构动力学、智能材料与结构和控制等多学科知识和方法,在高速可变体气动概念、变形过程中非定常动态气动特性和建模、变形过程中飞行力学模型、形状记忆合金(SMA)本构模型、高效驱动设计原理和系统动力学等方面有所创新。

从计划实施过程来看,重点支持项目主要通过多学科交叉与融合的手段开展研究工作。例如:"超燃冲压发动机用新型主被动防热结构一体化材料设计与环境响应机理""主动冷却陶瓷基复合材料及其结构研究"等项目涉及发动机、力学、高温材料、物理、化学以及工程热物理等多学科交叉;"碳氢燃料超声速燃烧机理构建和实验验证"项目涉及发动机、化学、流体动力学等学科交叉,构建了碳氢燃料反应基础数据库和机理生成软件;"面向近空间飞行器多功能超轻质结构设计优化理论""集电源、热控和结构于一体的多功能结构研究"等项目通过力学、材料学、优化设计、工程热物理、电磁学等多学科交叉,不仅设计和制备出结构效率很高的超轻点阵结构,而且初步具备了承载、热管理、能源以及吸波等多功能属性;"基于一类智能结构的高超飞行器操纵稳定性和机动性的控制原理研究"项目基于超磁致伸缩智能结构,提出了高超飞行器智能可变体的结构设计新原理和控制方法,涉及气动、控制、材料的交叉和融合。

(3)集成项目的学科交叉情况

集成项目的设立,旨在针对拟突破的关键科学问题和国家重大需求,对培育项目、重点支持项目所取得的成果进行主动引导,促进交叉与融合,加强顶层设计,达到"集成升华、跨越发展"的目的。通过鼓励优势单位积极论证、申请,在关键科学问题、多学科交叉领域等不同层次上布置了多个集成项目,促进关键科学问题的突破,推动协同创新能力。例如:"近空间高超声速飞行器材料/结构一体化、防/隔热一体化研究",充分集成了固体力学、气动热力学、材料学、工程热物理、优化理论与方法、测试与模拟试验等学科交叉与融合,探索防/隔热材料与结构一体化设计与综合性能优化方法;"超声速燃烧、流动与传热过程集成研究"集成了进气道流动、燃料裂解与稳定燃烧、燃烧与传热、燃烧过程控制等方面的研究成果,重点探索和综合考虑热防护、高效燃烧等多因素的燃烧室优化设计方法;"近空间高超声速飞行器飞行姿态/气动力耦合机理与协调控制研究"集成了飞行控制和飞行力学、空气动力学的方向,重点研究近空间高超声速飞行器自适应协调控制系统设计方法;"超高温氧化环境下高温热防护材料与结构的多参量实验集成方法和技术研究"集成了材料学、高温固体力学理论、实验力学等学科，探索极端环境的高温实验力学方法和技术，提升了极端环境下的实验方法和技术的创新能力，为气动、推进、防热、结构等多领域提供了有力支撑；"高超声速飞行器气动 / 推进 / 结构耦合问题研究"集成了流动、燃烧、传热和结构等多方面的研究成果，为高超声速飞行器气动 / 推进 / 结构一体化设计提供了理论依据；"面向控制的近空间高超声速飞行器动力学建模与验模"集成了飞行器飞行姿态研究与气动力耦合机理与协调控制的相关研究，通过分析近空间飞行环境下的空气动力学特性，获得具有明确可信度的面向控制的高超声速飞行器的动力学模型。

1.2　研究情况

1.2.1　总体科学目标

本重大研究计划以 30~70km 中层近空间高超声速远程机动飞行器涉及的科学问题为研究重点，总体科学目标如下：

①在前沿领域研究方面，形成近空间飞行器关键基础科学问题的创新理论与方法，在国际上占有一席之地，为国家相关技术的形成与发展提供基础源泉；

②在技术方法的源头创新上有所突破，提升我国在相关领域的自主创新能力，支撑相关技术的跨越式发展；

③聚集和培养一支站在国际前沿、具有理论和源头技术创新能力的优秀研究人才队伍，促进该领域若干个跨学科的基础研究平台的形成，支撑我国近空间飞行器技术的可持续发展。

1.2.2 核心科学问题

本重大研究计划拟解决的核心科学问题及其项目如下。

①近空间飞行环境下的空气动力学。重点研究近空间高速飞行高温、非平衡、黏性干扰、稀薄气体效应和湍流效应耦合作用机理，气动特性预测方法，热环境预测与热防护机理、宽马赫数机动飞行原理与方法等问题；形成了"近空间高超声速空气动力学理论与建模""高超声速热环境预测与试验技术""高超声速飞行器气动布局原理""高超声速飞行器飞行与控制原理"等四个项目群。

②先进推进的理论和方法。重点研究超声速燃烧理论与方法、超声速流动与燃烧的相互作用、高效进排气与一体化、燃烧室热防护与热环境流固耦合问题，加强地面实验模拟和流场诊断方法研究，积极探索新的推进原理和方法；形成了"高超声速进气道设计方法与流动控制""超声速燃烧机理""超燃冲压发动机热防护""超燃冲压发动机控制""新概念推进""测量与试验技术"等六个项目群。

③超轻质材料/结构及热环境预测与防热。重点研究轻质/多功能材料和结构、超高温非烧蚀材料和结构研究一体化设计和多学科优化理论和方法、服役环境下材料响应机理、新材料制备和表征方法等问题，强化分析和试验手段研究，积极探索新型主/被动结合的防/隔热原理和机制；形成了"热/力耦合机理与分析方法""轻质多功能材料及结构""高温防隔热材料""高温透波材料""材料性能表征与测试技术""新材料、新原理探索"等六个项目群。

④高超声速飞行器智能自主控制理论和方法。建立面向控制的飞行器动力学建模与验证方法，重点开展高超声速飞行器稳定性与机动性协调飞行控制理论和方法、可适应参数大范围变化的强鲁棒自适应控制理论与方法、高超声速飞行器的结构动力学分析和控制的理论与方法等研究，积极

探索可变体飞行气动原理与控制方法；形成了"乘波体高超声速飞行器控制问题""高超声速滑翔飞行器控制问题""可变体高超声速飞行器""高超飞行器气动、弹性、稳定性和机动性研究""结构振动主动监控与热弹性颤振控制研究"等五个项目群。

经过本重大研究计划指导专家组的反复论证，围绕上述四个核心科学问题的重点研究方向，又进一步确定了亟待突破的八个关键科学问题：

①气动力和离心力相结合的飞行原理与方法；

②长时间近空间飞行热环境以及非烧蚀防热原理与方法；

③与超声速燃烧等相关的推进机理与方法；

④高温、非平衡、黏性干扰、稀薄气体效应和湍流效应相互耦合作用的机理与预测方法；

⑤近空间飞行器环境的实验及数值模拟理论和方法，计算流体动力学与计算结构动力学耦合的理论与方法；

⑥超轻质多功能材料、新构型和材料/结构一体化优化设计方法；

⑦材料热/力耦合响应机理及热防护结构设计原理与方法；

⑧智能自主控制理论和可变体飞行原理与飞行控制方法。

上述四个核心科学问题的解决对全面实现本重大研究计划的目标至关重要。从认识的过程来看，应遵循"气动需先行，动力为核心，结构与材料是基础，控制是关键"的布局思想；从发展的角度来看，要推动近空间飞行器技术的跨越式发展，还需要重视四个核心科学问题统一性、交叉性的特点，促进近空间飞行器关键技术的协同发展。

1.3　取得的重大进展

本重大研究计划以国防建设为需求，开展基础性、前瞻性、先导性的相关基础科学问题研究，旨在解决我国近空间飞行器发展中的深层次问题，涉及国家安全与和平利用空间，具有十分重大的意义。

本重大研究计划实施的 9 年以来，参研人员共发表论文 2621 篇，包括国际期刊论文 1017 篇（在航空航天领域重要期刊 AIAA 上发表文章 56 篇），国内期刊论文 646 篇，国内、国际会议论文 958 篇；其中 SCI 收录 1081 篇，EI 收录 615 篇，ISTP 收录 127 篇；发表论文的 SCI 他引总频次为 6167 次。申请国内专利 398 项，获得授权 270 项。获得国家自然科学奖二等奖 8 项，国家技术发明奖二等奖 5 项；国际学术奖 4 项；省部级一等奖 12 项，二等奖 10 项。参研人员中，1 人当选中国科学院院士，1 人当选俄罗斯科学院外籍院士；6 人成为"长江学者奖励计划"特聘教授，7 人获得国家杰出青年科学基金资助，9 人获得优秀青年科学基金资助，10 人获得教育部新世纪人才基金资助。组织国际会议 82 次，国内会议 157 次；在国际重要学术会议做特邀报告 150 次，在国内重要学术会议做特邀报告 192 次。培养博士毕业生 478 名，硕士毕业生 731 名，出站博士后 50 名。

本重大研究计划集聚了高校、国防院所的一批研究团队，极大地推动了力学、物理学、数学、材料科学、信息科学等学科的发展与交叉，促进了多学科的协同创新和成果的工程应用。本重大研究计划所取得的成果的实质性贡献可归结为以下几个方面：

①提出了新原理、新概念、新方法、新技术，取得了重要创新成果，提升了源头创新能力和基础研究水平；

②对国家重大专项和工程的发展起到了重要的支撑作用；

③凝聚和培养了一批从事基础研究的高水平科研人员和研究团队，取得了具有国际重大影响的科研成果。

我国的近空间飞行器研究起步较晚，且国内的基础研究较薄弱、技术储备少，没有成功型号或成熟的经验可以借鉴。因此，在研制近空间飞行器这一重大战略问题上，必须走独立自主、创新发展的道路。要实现近空间飞行器研究的跨越式发展，就必须解决前述四个核心科学问题中的一批关键技术。本重大研究计划实施以来，在以下几个方面取得了重要研究进展。

（1）近空间飞行器环境下的空气动力学

①揭示了高超声速条件下分离流动非定常特征。发现一种从极限环起始的新的流动分离形态——封闭极限流面，进一步完善了运动壁三维非定常壁面分离判则。精细的流动测量技术和结果，对理论分析和数值模拟结果的验证都具有重要的价值，新的非定常流动分离形态的深入认识为近空间飞行器动态特性的研究打下了坚实的基础。已应用于近空间飞行器分离流动特性研究、近空间飞行器姿控发动机喷管内外流场特性研究以及多种组合体拦截导弹分离流动影响研究。

②探索了高空、高温非平衡效应与稀薄流效应耦合机理。采用模型理论分析为主、直接模拟蒙特卡罗法（DSMC）数值验证为辅的手段，研究了高超声速化学非平衡稀薄流动和锐前缘驻点气动加热特征，建立了锐前缘气动加热受稀薄气体效应耦合非平衡真实气体效应的工程理论，对目前临近空间高超声速飞行器气动特性预测具有重要的参考价值。

③探索了高空可压缩湍流及转捩机理。针对临近空间高超声速飞行的特点，研究了高温真实气体效应对典型的高超声速边界层流动的扰动演化及转捩特性，预测了转捩发生的位置与流动参数的关系规律，对飞行器的气动外形设计及热防护有重要的参考价值。利用天河二号计算机系统开展了大规模的直接数值模拟计算，对研究临近空间的高超声速飞行器摩阻的精细预测有重要意义。

④建立了新的高超声速飞行器气动热测试手段和方法。相比于传统的单点测量方式（热流传感器），磷光热图技术丰富了高超声速风洞热环境试验研究手段，实现了飞行器热环境的大面积高精度测量，将数据量提高了1~2个量级，实现了脉冲风洞试验技术的跨越式发展。针对磷光发光材

料优化、双色磷光热图系统、模型材料选型等关键技术开展了研究，获得了高性能单/双色磷光发光材料，建立了基于脉冲风洞的双色磷光热图技术。磷光热图技术已应用于多个高超声速型号飞行器热环境试验预测，获得了大量面测量试验数据，清晰地显示了模型表面热流分布趋势，为相关工程型号的热防护设计及优化工作提供了数据支持，获得了型号应用部门的一致认可。

⑤建立了适应的气动热与防热材料的耦合计算模型。发展了防热与气动加热的一体化计算方法，考虑了实际防热材料的表面辐射特性、表面催化特性和氧化烧蚀等特性，为近空间高速飞行器设计中遇到的防热材料烧蚀特性研究给予了关键的技术支撑。完善了关于高超声速热环境计算分析方面的基本方法和工具，内容涉及复杂材料表面特性、复杂物理现象、复杂外形几何形态等方面对热环境的影响，并总结了变化规律。成果已应用于载人航天和探月工程以及国家某重点型号工程有关气动热环境和防热设计中。

⑥探索了新的飞行原理与气动布局优化方法。完成了飞行器单自由度滚转稳定性判据的风洞试验和数值模拟验证，开展了多自由度风洞动态试验相似准则与试验模拟方法研究。开展了乘波体飞行器静稳定性设计研究，通过迎风面的修型，实现横航向静稳定。开展了主动防热控制技术的可行性实验验证，通过对飞行器头部流场进行重构，降低热流和阻力。高超声速风洞动态试验技术可以进行近空间飞行器高超声速条件下俯仰/滚转耦合运动特性的试验验证，为数值模拟提供考核验证数据，已应用于近空间飞行器、高机动导弹的研制，为飞行器安全稳定飞行的操纵控制提供了理论支撑。

（2）先进推进的理论和方法

①发展了高超声速进气道设计新方法。提出了曲面压缩概念，实现了

由出气动口参数或压缩面气动参数要求的型面反设计，证明了曲面压缩的良好气动性能，为高性能高超声速进排气系统的气动设计提供了一种全新的设计方法。发展了密切曲面内锥乘波前体进气道一体化设计方法。实现了发动机异型流道结构设计方法从无到有的跨越，为发动机进排气系统和燃烧室的耦合高效设计奠定了重要基础。曲面压缩和曲面压缩进气道概念已经为国内承研单位所接受，并已经用于高超进气道的气动设计。

②探索超声速燃烧机理。建立了我国首个碳氢燃料裂解－燃烧反应详细机理自动生成程序和热、动力学数据库，开发了我国第一套航空燃料燃烧机理自动生成软件，改变了我国燃烧仿真依赖于国外软件和反应机理的现状。提升了我国在燃烧基础研究及航空发动机设计应用研究方面的创新能力，为推动高超声速技术进步奠定了很好的基础。建立了航空燃料高温热物性的系列在线测量新方法，科学地定义了化学热沉并建立了测量方法。高温裂解气密度的精确测量解决了在 750℃以上条件下，高温裂解气在冷却通道中流动速度的实验测量问题。这些高温热物性测量方法为超燃冲压发动机主动冷却设计关键技术攻关奠定了基础。

③探索超燃冲压发动机主动/被动热防护机理。提出了超燃冲压发动机主动冷却的双压裂解新概念，克服了国内外流行的超临界主动冷却方法的缺点，大幅提高了化学热沉，克服了高温高压裂解燃料结焦的瓶颈问题。2014 年双压裂解冷却平板通过 750℃长时间实验验证，被重大专项工程研究简报称为"碳氢燃料主动冷却技术的新突破"。推进了主动冷却内防护材料体系的研究，进一步完善了 C/SiC 复合材料数据库，提高了 C/SiC 复合材料的可设计性。制备出耐高温和抗烧蚀性能优异的 C/SiC-M 复合材料，明显提升了 C/SiC 复合材料的被动防热能力；相关成果已应用于 C/SiC 复合材料推力室的研制，明显提高了复合材料的力学性能以及抗烧蚀性能，使推力室的使用寿命和可靠性都显著提高。

④探索了超声速气流中缓燃与爆震的传播、相互转化机理。系统开展

了超声速预混气中热射流起爆与传播过程的精细数值模拟与实验研究，验证了热射流直接起爆超声速预混气的可行性，阐明了超声速预混气热射流起爆机理与传播规律。揭示了超声速预混气的热射流起爆机理，获得了精细的三维爆震波结构，深化了对超声速气流中爆震物理过程的认识，为发展超声速气流中的爆震理论奠定了坚实基础。揭示了超燃冲压发动机内一种新的低频燃烧不稳定机制，即周期性火焰逆传导致的低频燃烧振荡。

⑤探索了超燃冲压发动机控制建模和控制方法。探讨了超燃冲压发动机进气道起动 / 不起动突变机理、超燃冲压发动机燃烧室亚燃 / 超燃模态转换机理以及模态转换的分岔机理，建立了相关理论模型，提出了切换控制和突变模式转换控制结合的发动机突变控制方法。从发动机控制的视角来观察流动失稳现象，解析推导出了发动机流动失稳过程中失稳边界所遵守的几何学规律和冲压发动机燃烧室 – 进气道相互作用具有有限个、严格可分的类别。提出了基于确定学习理论的复杂流动动态模式的快速识别方法，可以对高超声速进气道的流动状态进行快速判断。

⑥成功研制了低成本临近空间科学与技术飞行试验平台。该平台项目受到本重大研究计划以及国防科学技术大学重大科技创新工程资助，其目标是联合国内优势单位，在"十二五"末研制成功低成本临近空间科学与技术飞行试验平台，并开展相关飞行试验工作。2015 年 12 月 12 日，该平台在酒泉卫星发射中心成功进行了首发飞行试验，使其成为继美国和澳大利亚联合研制的 HIFiRE 后第二个低成本临近空间高超声速通用试飞平台，可为我国超燃冲压发动机和高超声速飞行器关键技术攻关提供飞行演示验证能力，为我国临近空间基础科学问题研究提供了飞行试验研究平台，也是我国高超声速群体不断增强自主创新能力、勇攀世界科技高峰的又一成功实践。

（3）超轻质材料／结构及热环境预测与防热

①探索了轻质材料和结构设计理论和方法，建立了轻质材料和结构一体化设计以及层级（hierarchical）结构设计优化理论。针对由超轻多孔材料构成的结构，基于渐进均匀化理论实现材料／结构两个几何尺度的耦合，提出、深化并拓展了材料／结构多几何尺度并发的带惩罚的多孔各向异性材料（PAMP）模型，建立了实现轻质多孔材料和结构几何多尺度并发优化设计的理论框架及对应问题的数学列式和数值实现技术。解决了材料／结构不同层级间灵敏度传递技术，突破了拓扑优化领域经典的带惩罚的实心各向同性材料（SIMP）模型（针对实心固体材料）无法实现对多孔材料构成结构进行拓扑优化的局限，使得材料／结构并发多尺度优化问题的可计算性得到明显提升。3D打印添加材料制造新工艺的发展给这一方法提供新的发展机会，被国际同行评价为"重要发现"和"近期有趣的研究"。运用所提出的层级优化方法对新一代运载火箭结构进行了轻量化设计，为保证火箭的运载能力做出了重要贡献。

②探索了近空间高超声速飞行器材料／结构一体化、防／隔热一体化的设计方法。从材料和结构两个层次给出了不同材料性能和结构性能间的关联关系，综合考虑材料的防／隔热性能，分析了设计因素对热防护综合性能的影响规律，建立了防／隔热一体化设计和综合性能分析方法。协同研究了多目标多尺度设计与优化方法在热防护材料和结构设计中应用的问题，针对结构／防热一体化方案，建立了基于遗传算法的热力耦合协同优化方法以及基于拓扑优化的热防护系统热力耦合优化设计方法，给出了考虑热／力匹配的防热／传力／承载协同机制和设计方法；从现有服役环境、材料特性的随机性出发，将多尺度、不确定性等理论和方法引入防热材料及结构设计、优化和评价中，发展了非确定性分析方法，建立了基于可靠性指标的热防护系统优化设计方法，给出失效概率和可靠性灵敏度，为优

化设计提供有力的支撑。相关成果在工程研制方法从"分离叠加"向"热/力耦合"的转变中，提升了物理模型的置信度和方法的完善性，为未来国家空天飞行器高温热防护部件的设计提供了有力的技术支撑。

③发展了近空间高超声速飞行器材料/结构多场耦合测试技术。发展了多场耦合服役环境下的力/热/氧化等关键参量的实验技术，建立了2600℃真空（惰性气体）环境材料力学性能测试系统、快速升/降温多功能材料抗热冲击性能测试系统等。开拓性发展了薄膜/基体系统的高温光学测量方法，实现了表面形貌、变形与薄膜应力测量，揭示了高温下薄膜（涂层）应力的非均匀演化。基于所研制的测量系统，系统地研究了典型高温热防护材料在极端环境下的热响应及氧化烧蚀行为，揭示了其温度响应及性能演变规律；发现了气动热环境与超高温陶瓷材料的强耦合作用及其主控要素，给出了该材料由非烧蚀向烧蚀转变的临界状态判据，获得了超高温陶瓷材料的氧化机制、性能预报和氧化抑制方法。针对近空间飞行器热端部件现场测量的需求，系统研究了高温光学变形场测量技术并自主研制高温力学测试系统，实现了热防护系统地面考核的结构级可视化测量；结合超高温环境下高温热防护材料与结构关键力学参量测量的需求开展研究，提出了高温光学相关和非相干变形场测量新方法，发展了变形载体制备新技术，实现了1550℃高温变形场的测量。建立了高超声速风洞多场耦合测量技术，对高超声速气动弹性实验中的模型振动、模型变形、气动加热情况进行测量；开展高超翼面颤振风洞实验研究，对类X-15机翼平板模型，采用固定马赫数、阶梯变动压技术实现亚临界颤振试验，采用颤振边界函数法获得了模型颤振边界。对高超声速气动弹性现象的机理，特别是气动外形、气动加热等因素对舵翼面颤振的影响规律以及多场耦合特性等基础科学问题进行了有效的研究探索，形成了一批自主创新的测试方法和技术，加深了对高超声速多场耦合下材料和结构物理特性和力学行为的认识。

④发展了多孔／隔栅／点阵等先进结构概念的设计方法。建立了具有自主知识产权的复合材料点阵结构模压一次成型工艺和二次成型工艺，成功制备出全碳纤维复合材料点阵结构，为埋置微型器件、实现多功能化奠定了基础；采用嵌锁工艺制备了玻璃纤维、碳纤维复合材料两种二维点阵构型，在4GHz~18GHz的反射率测试结果具有理想的吸波特性；利用X射线断层扫描技术，建立了沃罗努瓦（Voronoi）泡沫金属细观结构模型；通过冷冻注模工艺优化，实现了YSZ多孔陶瓷梯度气孔结构和性能的控制；基于"壁虎脚仿生"原理，将碳纳米管均匀地接枝到超薄铝合金内衬表面，使复合材料结构界面层强度提高了28%。

⑤探索了非烧蚀热防护新材料、新概念、新原理和新方法。利用光子晶体的光学特性调控热辐射，设计并制备了光子晶体热防护涂层。在国际上提出了通过仿生设计陶瓷表面结构增强陶瓷抗热震阻力的新概念和新方法。通过利用等离子刻蚀技术和酸腐蚀方法，在陶瓷表面成功引入了仿蜻蜓翼膜表面的超疏水纳米结构。在陶瓷热震过程中，仿生处理后的陶瓷表面能够自动地覆盖一层空气膜，这层空气膜使陶瓷表面热阻增加了近万倍，提高了陶瓷材料抗热震性能。该项成果极大地拓展了陶瓷抗热震失效的传统研究方法，为相关研究提供了新思想——通过对材料表面的微结构设计来获得材料所需的整体性能。从多层次、多角度探索了高导热C/C复合材料的成型工艺，提出了一套由熔融纺丝到块状碳纤维带复合材料的工艺路线和较为完善的工艺手段。

（4）高超声速飞行器智能自主控制理论和方法

①提出了乘波体高超声速飞行器精细姿态控制的概念及方法。提出了乘波体高超声速飞行器精细姿态控制的概念。研究了气动弹性、发动机工作振动等条件下的高超声速飞行器精细姿态控制方法，丰富了高超声速飞

行器飞行控制理论，创新了乘波体高超声速飞行器精细姿态控制系统设计新方法。

②提出了近空间高超声速飞行器模型迁移新概念和新方法。提出了近空间高超声速飞行器模型迁移新概念。通过将飞行器动力学模型的迁移转化为模型中气动参数的迁移，研究了新飞行器和基飞行器相似度量度因子和评估方法，以及新飞行器和基飞行器启动参数迁移方法，形成了一套基于模型迁移理论的近空间高超声速飞行器动力学建模新方法，为高超声速飞行器在缺乏实验条件下的快速建模提供了一条新的技术途径。

③提出了近空间高超声速飞行器多通道协调控制概念及方法。提出了近空间高超声速飞行器多通道协调控制概念。深入研究了飞行器控制通道间的耦合特性，给出了控制通道间的耦合度量以及可解耦／不可解耦条件，提出了不可解耦条件下的近空间高超声速滑翔飞行器多通道协调控制思想；研究了不可解耦条件下的近空间高超声速滑翔飞行器多通道协调控制方法；突破了传统的飞行器分三通道控制系统设计的套路，丰富了高超声速飞行器飞行控制理论与方法。

④初步探明了近空间高超声速飞行器飞行姿态／气动力耦合机理。在深入研究近空间飞行环境、高超声速飞行器典型的飞行模式、可能的飞行包线的基础上，通过研究飞行姿态与气动力相互耦合和相互影响的具体表征，提出了表征飞行姿态变量和气动参数耦合的量度因子，利用这个量度因子，量化分析了高超声速飞行器在不同飞行条件下飞行姿态变量和气动参数耦合，发现了在某些关键点上飞行姿态变量和气动参数耦合突然加重的特殊现象。进而提出了两种飞行姿态变量和气动参数耦合描述方法，通过深入研究，初步探明了近空间高超声速飞行器飞行姿态／气动力耦合机理，为高超声速飞行器协调控制系统设计奠定了基础。

⑤提出了乘波体高超声速飞行器／发动机的一体化控制新思想。分析并利用加速度变量的特殊性构建了基于加速度的一体化控制框架，对发动

机控制系统与飞行器控制系统的功能给出了明确分配；构建面向控制的考虑进气道不起动问题的双模态冲压发动机模型，通过模态转换逻辑的分析与实现，可使模型具有表达存在于超燃、亚燃与不起动模态之间复杂的转换逻辑、转换中滞环与参数突变特性的能力。基于超燃冲压发动机推力调节／安全保护切换控制设计思想，提出了切换系统的保守动态性能指标，给出了一种面向该动态性能指标的切换控制系统设计方法，解决了传统动态特性依赖于切换时刻初始状态从而不便于控制设计的难题；提出了一种基于安全裕度的飞行器／发动机协调控制新概念和方法，在不改变原有飞控系统结构的前提下，引入一种基于飞行器和发动机安全裕度的动态协调因子，用该因子在飞行性能和飞行安全间进行协调控制。

⑥初步探明了可变体飞行器气动力非定常动态时变规律及其作用机理。以可变体飞行器为对象，研究了宽广速域（亚声速、跨速域、高超声速）的可变体飞行器可能的气动布局。从气动布局设计、绕流流动计算与实验、气动特性分析三个方面，探索了亚声速变斜掠机翼和变后掠机翼、跨速域可伸缩机翼和变前掠机翼、高超声速可变体吻切锥乘波体和斜激波乘波体构型飞行器的非定常气动特性，发现并揭示了可变体飞行器典型变形过程中非定常气动特性的现象和机理，获得了近空间宽广速域的有效可变体气动布局及其气动特性。并从理论分析和风洞实验两方面，探索了二维翼型与三维机翼新的现象，从机理上给出了新的解释。发现了变形过程中动态气动特性滞回效应，揭示了其机理在于"动边界效应"和"流场滞回效应"。实现了可变体飞行器气动力非定常动态时变规律及其作用机理研究从亚－跨－超音速到高超音速的突破。

第2章　国内外研究情况

人类生活依赖于对空间和时间的运用，借助知识和科技获得进步。21世纪以来，人类社会进入了太空、深海、极地等新空间大开发时代，其中，近空间这一通常穿越、鲜有应用的空域成为全球战略竞争的焦点，展现出无可估量的开发前景，也带来了前所未有的科学技术挑战。

近空间（near space）通常指一般飞机飞行高度以上、卫星运行轨道以下的空域，大约在20~100km，具有空气稀薄、气流平稳、太阳能丰富等环境特征。近空间飞行器（near-space vehicle）是指能充分利用其环境特征、稳定运行于近空间的各类飞行器。近空间飞行器主要有两类：①利用大体积提供浮力或利用大翼面提供升力的低速或亚声速飞行器，驻空时间长，覆盖范围广，高空持久飞行（high altitude long endurance, HALE）特点明显；②利用高升力、低阻力气动外形超声速/高超声速飞行，航程长，机动性能好，大气层内高超声速（hypersonic）机动飞行能力突出。20世纪60年代美国研发成功的U-2、SR-71等高空战略侦察机已经具备了鲜明的"近空间"特征[1-3]，在几十年服役生涯中不仅创下了多项人类征服空间的世界纪录，而且由于近空间带来的高生存能力和高度"模糊"主权规则，效能显著，在冷战时期发挥了关键作用。近空间之所以成为大国、强国觊觎的新战略制高点，一是因为军事效能优势明显，充分利用该空间环境的武器装备有望在多重军事能力上获得革命性提升；二是因为主权规则模糊，近空间尚未被系统地开发利用，也没有任何国际法律和条约界定该领域是属于领空还是太空，谁率先征服这一空间，谁就能在未来规则制定中拥有更大的主动权；三是因为民用潜力巨大，一旦实现应用，将对现有诸多产业和行业产生巨大冲击，促进社会和经济发展，造福人类；四是因为科技带动性强，征服近空间面临着科学、技术、工程等层次认知、方法、手段和理念上的挑战，将对飞行器设计、推进、能源、材料与结构、控制与有效载荷等诸多学科发展起到牵引性、带动性作用，促进相关技术加速发展。

近空间将为实现长时间、高机动、高效、可靠的高超声速飞行提供理想走廊，使得全球远程快速到达、时间敏感性目标快速响应成为可能，同时大幅提升廉价、可靠、日常进入空间等人类空天飞行能力，给未来军事对抗和人民生活带来革命性影响，成为 21 世纪国际空天领域竞争的战略制高点。

2.1　国外近空间飞行器技术发展动态和趋势

20 世纪 30 年代，桑格尔（Eugen Sanger）提出了"滑翔 – 跳跃"弹道概念和"银鸟"亚轨道轰炸机设想 [4-6]。1948 年秋，为克服弹道导弹的弱点，钱学森提出利用火箭助推获得初速，借助于高升阻比气动构型获取近空间有限空气提供的升力，实现远距离飞行的助推 – 滑翔弹道概念。这被命名为"钱学森弹道" [7]（见图 1）。在此基础上，美国开展了各种升力体构型的高超声速飞行器理论和关键技术研究（见图 2），进行了多次飞行试验，并在多种武器型号中进行积极转化。但受限于当时的科技水平和能力，未能挖掘出这一概念的巨大潜力。

图 1　钱学森与"钱学森弹道"[8]

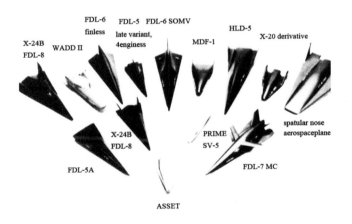

图 2　美国 1956—1966 年研究过的各种升力体构型 [9]

近空间相对稀薄的空气不仅可以提供升力，减缓气动阻力和热载荷，还可以为推进系统提供氧化剂，从而提高比冲（specific impulse）。超燃冲压发动机（scramjet engine）概念始于 20 世纪 50 年代，美、俄、法等国致力于高超声速巡航飞行研究。多年的努力和进步促成了美国国家空天飞机（National Aerospace Plane，NASP）计划的立项与实施。虽有 30 亿美元巨资投入和十余年攻关，但该计划因技术难度过大而被迫终止，究其根本原因是"超燃发动机性能"和"边界层转捩问题"等基础问题未能得到突破[10-11]。

进入 21 世纪，美国在 Falcon[12]、Hyper-X[13-15]、HyTech[16-17] 等计划支持下，尤其是在 2001 年美国国防部与美国国家航空航天局（NASA）联合实施的"国家航空航天倡议"（National Aerospace Initiative, NAI）驱动下[18]，高超声速关键技术不断取得突破，让人们更加坚定了征服近空间的信心。HTV-2 是美国重点发展的助推滑翔式高超声速技术验证计划（见图 3），旨在验证近空间高超声速飞行的空气动力学、高温材料和结构、长时间高精确控制等关键技术，提高对高超声速飞行的机理性认识[19-20]。

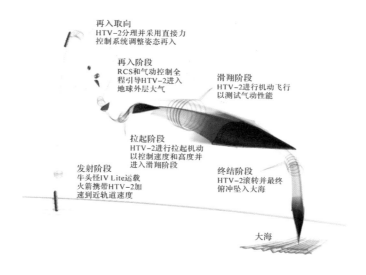

图 3　HTV-2 助推 – 滑翔弹道示意[20]

2010 年 4 月 22 日，HTV-2 第一次飞行试验实现了大气层内 *Ma* 20 以上的可控飞行，但发射 9 分钟后失败[21]。调查结果显示，"对飞行过程的若干空气动力学问题认识有限，还不知道如何在空气动力阶段控制飞行，这仍是一个未知的领域"。2011 年 8 月 11 日，第二次飞行试验解决了第一次飞行出现的气动控制问题，并达到了 *Ma* 20、完全气动控制飞行 3 分钟的新阶段，验证了转捩预测理论和模型的正确性 [22-23]。但 C/C 复合材料外壳出现超出预料的剥落，诱发激波引起滚转异常，滑翔飞行中止。DARPA 认为，两次飞行试验尽管没有完成，但获得了大量的实际飞行测试数据，对认识 *Ma* 20 飞行条件下的气动控制和材料问题具有重要意义，其价值超过了 40 年的地面模拟试验，因为只有通过实际飞行，才能显著提升对相关问题的理解。

先进高超声速武器（AHW）是美国陆军支持发展的一种中远程高超声速助推滑翔飞行器（见图 4），由美国桑迪亚国家实验室（SNL）负责设计、研发，并继承了该实验室早期机动再入飞行器的多项研究成果。2011 年 11 月 17 日，AHW 首次飞行试验成功，SNL 由此获取了大量飞行数据，考核了空气动力学、热防护技术等多项关键技术，验证了计算模型，提高了数值仿真的置信度 [24]。2014 年 8 月 25 日，第二次飞行试验在发射仅 4 秒后便因出现异常而提前终止 [25-26]。

图 4　AHW 示意 [24]

高超声速巡航飞行器被誉为继螺旋桨和喷气式飞机之后世界航空史上

的第三次革命。在 HyTech 计划的基础上，美国空军、DARPA 和 NASA 等联合实施了 X-51A 飞行试验计划[27]。吸气式高超声速推进技术发展历程如图 5 所示。

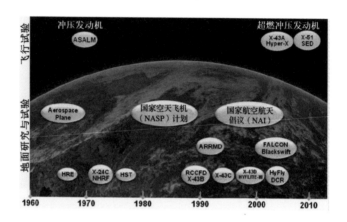

图 5　吸气式高超声速推进技术发展历程[28]

2010 年 5 月，X-51A 实现首次飞行，超燃冲压发动机正常工作 140 秒，这是当时此类发动机在实际飞行中所达到的最长工作时间。此时飞行向工程化、实用化迈出了重要的一步。2011 年 6 月，第二次飞行试验因进气道未能启动而失败；2012 年 8 月，第三次飞行试验因巡航级右上角控制舵意外解锁而失败，这为刚看到曙光的高超声速巡航带来了很大的打击。2013 年 5 月 1 日，X-51A 进行了第四次也是最后一次飞行试验，发动机工作了 210 秒，飞行器速度从 *Ma* 4.8 加速到 *Ma* 5.1，最终证明了采用吸热燃料超燃冲压发动机为动力的高超声速飞行的可行性[10,29]。

满载美国信心的 HTV-2 两次飞行失利，让其清醒地认识到洲际助推滑翔飞行的难度，飞行后的调查报告建议，不仅要"从第二次飞行中获取技术经验，用以改善高温复合材料气动外壳的设计工具和方法"，而且要综合考虑"如何认识气动热，如何把握材料特性、不确定性和变量，如何用建模和仿真来预测热应力和响应"。DARPA 在 2012 年提出了后续的综合高超声速（IH）项目，发展、完善和试验全球范围 Ma 20 以上的高超声速机动飞行的下一代技术 [30-31]。但 AHW 和 X-51 的成功将高超声速飞行推入了一个新时代，在此基础上，美国空军提出分阶段投资吸气式高超声速技术的发展战略，近期将围绕高生存和时敏打击能力发展，远期将发展跨区域情报、监视与侦察和打击平台。2012 年提出的高超声速打击武器（HSSW）项目 [32-33]，旨在发展一种 Ma 5 以上的演示型武器，涉及建模与仿真、冲压/超燃冲压发动机、耐高温材料、GNC、导引头及其天线、战斗部及其子系统、热防护和热管理、制造工艺及小型助推等技术。

2014 年，DARPA 提出了战术助推滑翔（TBG）和高超声速吸气式武器概念（HAWC）两个研发项目 [10,34-37]（见图 6），希望能够在 2025 年前后具备战术射程的高超声速打击能力。TBG 由 DARPA 和美国空军联合实施，旨在发展和演示未来空射战术范畴高超声速助推滑翔系统所需的技术。这些技术主要包括飞行器概念方案，满足大作战包线的气动力/热特性、操纵性和稳健性，作战环境下具有生存力和杀伤力的系统特性及子系统构成，以及能够降低演示验证系统和未来作战系统费用并提高其经济可承受性的方法等，还包括热结构材料成熟度、结构优化设计和可承受制造方法，自适应、鲁棒性制导控制技术和高度约束下实时轨迹优化技术，以及能够获取气动环境和外壳热响应信息的技术与装置。HAWC 也由 DARPA 与美国空军联合实施，旨在飞行演示高效、可承受的空射高超声速巡航导弹关键技术。这些技术包括先进高超声速飞行器布局、碳氢燃料超燃冲压发动机推进系统、热管理系统和可承受的系统设计与制造方法，还包括高超声速飞行的高效气动构型、可持续高超声速巡航的碳氢燃料推进、高温巡航下的热管理方法以及可承受的飞行器系统设计和制造方法。这些技术还将延伸应用于可重复使用的高超声速飞行器，以实现全球到达和太空运输。通过与 DARPA 的合作，HSSW 项目将并行开展两套综合技术验证：①吸气式导弹战技术相关验证，以保证导弹能与五代机兼容，并可实现 B-2 内埋携带或由 F-35 外挂；②通过 TBG 项目发展并验证快速远程打击能力。

图 6   TBG 和 HAWC[34,36-37]

提升飞机速度一直是人类不懈追求的目标，可水平起飞、重复使用的高超声速飞行器面临着艰巨的技术挑战。美国空军希望通过高超声速技术进一步提高战略侦察机的生存能力以及情报、监视和侦察（intelligence, surveillance and reconnaissance，ISR）能力，明确提出平行发展高超声速武器和高速可重复使用飞行器，采取技术验证机、短寿命飞机、长寿命飞机三步走的路线，发展高超声速飞机。在小尺度超燃发动机关键技术获得突破的基础上，开展大尺度组合循环推进系统关键技术研发，期望能够形成全球快速响应 ISR 能力和精确打击一体化的能力，在日趋剧烈的"区域拒止与反介入"对抗中占得先机。2013 年 11 月，洛克希德·马丁公司声明找到了涡轮与冲压发动机之间推力缺口的解决方案，并在其 SR-71 诞生日透露 SR-72 发展规划（见图 7），设计巡航速度达 Ma 6[35,38-40]。2014 年，NASA 支持洛克达因和洛克希德·马丁公司研制 SR-72 飞机，希望在 2030 年研制出可重复使用、短寿命周期的高超声速飞机，用于战术打击和 ISR 任务，在 2040 年实现持久可重复使用。

图 7　SR-72 概念图 [40]

2013 年，DARPA 基于对未来低成本、快速响应进入空间的急迫需求，发布了 XS-1 试验性空天飞机项目招标公告和具体参数要求 [41-43]，旨在研制一个可重复使用的无人发射器，其成本、操作方式和可靠性与现代飞机类似，能将小型载荷卫星发射到低地球轨道上（见图 8）。XS-1 可重复使用第一级能以高超声速在亚轨道高度飞行并返回地面，由上面级将卫星送进低地球轨道。关键技术指标包括在 10 天时间内飞行 10 次，最大飞行速度达到 Ma 10 以上并发射一个典型小型载荷进入轨道，实现将一次发射 3000~5000 磅级载荷进入太空的成本降低至 500 万美元以下，等等。

图 8　XS-1 概念图 [43]

欧洲一直强调对高超声速关键技术和基础研究关注，近年来有两个项目取得了突破性进展。过渡试验飞行器（IXV）是欧洲航天局（ESA）的大气层再入验证飞行器项目[44-45]，IXV 长 5 米、高 1.5 米、宽 2.2 米，发射重量约 1.85 吨。其外形采用升力体设计，很像缩小的美国航天飞机，具有先进的气动特性，配备了复杂的制导、导航与控制（guidance，navigation and control，GNC）系统，在大气再入期间可利用气动控制面实现良好的机动能力。

2015 年 2 月 11 日，IXV[46] 在法属圭亚那的库鲁航天中心由织女星运载火箭发射至 320km 高度，分离后继续爬升至 412km，开始再入，在 120km 的高度上达到 7.7km/s 的速度，携带 300 多个传感器收集温度、压力、载荷、空气热动力等数据，经过约 1 小时 40 分的飞行后打开减速伞，最终溅落于太平洋，为 ESA 大气层再入技术和可重复使用航天器的研发开启了新篇章。

英国 REL 公司发明了一种协同吸气式火箭发动机 SABRE[35,47-48]，并称之为喷气式发动机发明以来航空航天推进技术的最大突破。其内部结构如图 9 所示。SABRE 通过喷气式涡轮和火箭技术的有机结合，可以在吸气式模态和火箭模态下工作，为实现空天飞行提供动力。其创新的预冷器技术能够在 0.01 秒内将空气来流从 1000℃冷却至 –150℃，并通过喷注甲醇解决了结霜的问题。这一关键技术于 2012 年得到了成功验证。2015 年 11 月，英国防务承包商 BAE 系统公司宣布计划投资约 3170 万美元，与 REL 公司共同研发混合火箭发动机，计划在 2020 年前开始"佩刀"发动机 1/4 缩比验证机的地面试验，预期推力范围可从吸气式模态下的 20 吨力调节到火箭模态下的 80 吨力。目前基于 SABRE 的单级入轨可重复使用运载飞行器"云霄塔"（Skylon）的初始设计已经完成，同时 SABRE 发动机及相关技术还可以用于多种航空航天飞行器（例如高超声速客机）。BAE 系统公司在 2016 年航展上展示了一种 Ma 5 的吸气式高超声速平台的潜在军事应用场景。

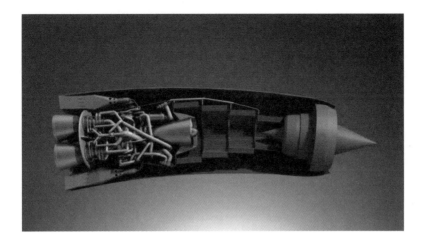

图 9   SABRE 内部结构 [49]

近期，俄罗斯重新活跃在国际高超声速舞台。俄罗斯正在研制高超声速巡航导弹"锆石"（Zircon）[50]，2016 年 3 月采用路基发射方式进行了第一次飞行试验。同时俄罗斯致力于 Yu-71 高超声速滑翔飞行器研究多年，Yu-71 被称为"4202 项目"的延续，一直处于高度保密状态，2004 年飞行试验后，俄罗斯军方曾宣布该弹头"可改变高度和方向机动飞行，反导系统对其无能为力"。2015 年 2 月和 2016 年 4 月，Yu-71 连续试飞，引起国际广泛关注。飞行试验中试飞器以高机动弹头为基础，采用了高升阻比的升力体设计，搭载在 SS-19 洲际弹道导弹上，从俄罗斯东部杜巴罗夫斯基导弹基地发射升空。

2.2   国外近空间高超声速基础研究情况

提及高超声速技术，人们除了认同其革命性、颠覆性、改变游戏规则等意义和作用外，普遍认为大气层内高超声速飞行是最为复杂和危险的飞行区域。经历了半个多世纪的艰苦努力，高超声速技术还未能修成正果，究其根本原因是对高超声速气体动力学、超声速吸气式推进、高温材料及结构等基础问题认识不足，尤其是伴随着项目的起起落落，相关基础研究也未能得到持续支持。

美国 NASA 于 2006 年启动"基础航空项目"（Fundamental Aeronautics Program，FAP），其中高超声速技术为其四大方向之一，旨在为发展更宽范围的吸气式空间进入和大质量星际再入飞行器使能技术奠定基础，重点关注两级入轨吸气式推进技术、轻质可重复使用一体化机体和推进结构、经物理验证的集成多学科设计工具（见图 10）。

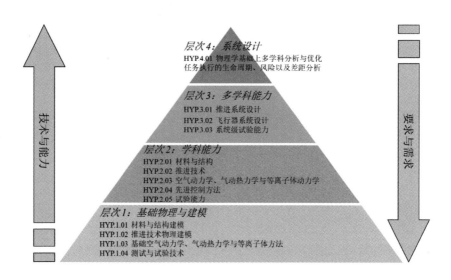

图 10　FAP 中的高超声速研究项目 [51]

该项目开展了大尺寸（10X）超燃冲压发动机试验技术（LSSET）研究，发展了与全尺寸进气道具有相似性能的截短长度内转式进气道的设计方法；针对涡轮基组合循环发动机技术，研究了进气道性能和服役特征、模态转换及其相关的进气道动力学，确保进气启动顺利、模态转换平稳的控制策略，利用超燃发动机与涡轮发动机和喷管的集成开展了系统模拟试验。

针对可重复使用机体与热防护系统，研究了绝热体与飞行器主承力结构的粘接和机械连接方法，改进了航天飞机隔热瓦/毡体系性能，发展了热防护与主结构分离的金属或陶瓷基复合材料支撑式热防护系统设计方法，设计了兼具机械和热载荷承载能力、能与主结构分享机械载荷的承载式热防护系统，并制备出可用于飞行载荷试验的平板样件；针对陶瓷基复合材料开展了建模分析方法研究，不断完善对 CMC 行为的建模和物理理解，改进耐久性和拓展寿命。开展了吸气式两级入轨飞行器的设计方法研究，发展了多学科分析与优化工具，包括一体化设计和工程分析环境、高置信度推进和飞行器分析方法。

2008 年，美国国防部组织美国空军、NASA 和 SNL 联合实施了国家高超声速基础研究计划（NHFRP）[52]，研究内容涉及飞行器周围气动热力学环境的建模和模拟、高温材料的设计方法以及飞行器表面与周围流场环境间复杂相互作用的建模和控制，旨在为更多技术、系统性研究或物理现象提供基础性理解。NHFRP 重点关注高超声速飞行关键且独特的六个科学领域，包括边界层物理、激波流动、非平衡流动、超声速燃烧、环境结构与材料的交互、高温材料和结构，并确定了各重点领域的近期（2010）、中期（2020）和远期（2030）科学目标（见表 1）。

以科学为导向的飞行数据非常有助于理解实际飞行条件下关键物理现象，并为验证地面试验和数值模拟结果及外推到飞行条件提供重要的依据。考虑到一些大型飞行试验专注于技术概念单次演示，很少有机会从最终的飞行数据得到新的科学认识，2005 年，美国和澳大利亚联合实施"高超声速国际飞行研究试验"（HIFiRE），计划通过九次飞行试验（见表 2），收集科学数据，解决多种高超声速科学挑战，也希望为航天科学家和工程师提供飞行研究经验。HIFiRE-1、HIFiRE-2 和 HIFiRE-3 获得了成功。HIFiRE-5 由于推进系统异常故障未能达到所设计的试验马赫数，但仍在预期实验窗口以外提供了飞行数据。

表 1　NHFRP 相关技术领域的近期、中期和远期科学目标 [52]

领域	2010	2020	2030
超声速燃烧	• 毫秒级同步诊断 • 燃烧室部件 RANS–LES 模拟 • 热控	• 在线诊断 • 全尺寸燃烧室 LES • 外部燃烧气动控制	• 部件级 DNS • 全尺度的地面 – 飞行试验 • 容错控制
边界层物理	• 平滑表面 3D 流动的半经验转捩评估 • 表征流体化学对湍流的影响	• 大钝度或有攻角锥体的半经验评估 • 表面效应量化 • 变形、主动、被动流动控制探索	• 基于物理的真实系统转捩数值模拟 • 边界层优化的流动控制
激波控制流动	• 确定验证模拟方法的规范性试验 • 提高高超声速 LES 和 DNS 能力，改善对激波控制流动中转捩、湍流、气固交互作用和气体动力学的理解	• 确定、优先考虑和实施验证所需的新规范性试验 • 完善跨克努森数的模拟能力，包括 LES、考虑辐射和烧蚀的高温效应及网格自适应能力等	• 保持模拟所需试验的规范性和灵活性 • 完善考虑包括气动与材料耦合等不确定性量化的多物理模拟能力
非平衡流动	• 确定临界反应或组分及测试关键环节 • 确定新的高温反应路径，包括中间过程常数 • 量化动力学方法所需的区域	• 确定高温反应和松弛速率 • 完成非平衡辐射传热的碰撞 / 辐射建模 • 考虑复杂效应的快速计算流体动力学（CFD）/ 动力学、混合 3D 模拟工具	• 完成感兴趣气体全温度范围的多温度和状态间反应 / 松弛建模 • 验证模型和工具所需足够细节的飞行和地面试验数据
环境材料交互作用	• 将通用有限速率表面化学集成到 CFD 代码，或考虑烧蚀材料响应的松耦合平衡态 CFD 中 • 毫秒级表面评价	• 原位表面组分和流动测量 • 验证表面化学模型 • 非平衡 CFD 与材料响应的全耦合	• 全耦合的、时间精确边界层的材料响应预测 • 提高性能所需的工程化环境 – 材料一体化技术
高温材料和结构	• 发展模拟飞行条件的实验室试验方法 • 确定加速筛选和验证的试验方法 • 发展原位表征技术	• 发展剪裁结构的复杂 UHT 复合材料实验技术 • 发展利用小试样和室温条件下预测 UHT 材料性能技术	• 优化跨尺度预测材料响应和性能工具 • 发展极限环境和载荷下材料响应的耦合多尺度模拟技术

表 2　HIFiRE 九次飞行试验的主要任务和科学目标 [53]

技术领域	HIFiRE-1 US	HIFiRE-2 US	HIFiRE-3 AUS	HIFiRE-4 AUS	HIFiRE-5 US	HIFiRE-6 US	HIFiRE-7 AU	HIFiRE-8 AUS	HIFiRE-9 US
气动	BLT SBLT			飞行力学,分离和再入	BLT			持续飞行	BLT、流场及激波交互
推进		HCSJ @Ma 8	SJ 燃料与燃烧			HCSJ 双模态	SJ 推力测量	SJ 工作	双模态 HCSJ
稳定性与控制	IMU 评估	可控压低飞行		可控压制飞行		可控压低飞行			IAG&C
材料与结构		材料生存性			材料生存性	材料生存性			材料生存性
传感器					GPS/AO/MC				GPS/AO/MC
仪器与测量	TDLAS	OMC	OMC			OMC			
有效载荷	锥柱体	超燃发动机	HyShot 发动机	升力体	E-Cone	超燃发动机	超燃发动机	TBD	TBD
弹道	带飞	带飞	带飞	自由飞	带飞	带飞	自由飞	自由飞	自由飞

2014 年 8 月，HIFiRE 计划有所调整，HIFiRE-7、HIFiRE-5B、HIFiRE-4、HIFiRE-6、HIFiRE-8 等五次试验计划在两年内完成，HIFiRE-8 的发射也将标志 HIFiRE 项目第一阶段结束，并计划在 2015 年启动 HIFiRE 项目第二阶段工作，为期八年，其目标是在 2024 年前为美国和澳大利亚空军提供决定性的、快速响应的战术能力。事实上，截至 2019 年 12 月，仅完成了 HIFiRE-7、HIFiRE-5B 和 HIFiRE-4 的飞行试验。2015 年 3 月，HIFiRE-7 在挪威安岛火箭靶场进行飞行试验，在完成亚轨道飞行和再入大气层后，有效载荷加速超过 Ma 7，超燃发动机开始工作。在再入大气层期间，在飞行结束前的试验窗口期间，地面站没有收集到遥测信号，来自有效载荷的飞行数据流正好丢失了 15 秒。首席科学家表示："尽管没能收到整套数据，但大部分新技术工作完美。" 2016 年 5 月，HIFiRE-5B

飞行实验在澳大利亚南部取得成功，飞行器达到最大高度 278 千米，最大速度 Ma 7.5。2017 年 7 月，HIFiRE-4 在澳大利亚南部武麦拉靶场成功进行飞行试验，最高速度达 Ma 8。《航空周刊》透露，其中一架试飞器在与探空火箭分离后很快与地面失去联系，未能按计划完成其预定试验任务。

美国空军科学研究办公室（AFOSR）是美国空军基础研究的管理者，其投资基础研究的任务是发现、塑造和支持那些深刻冲击未来空军的基础科学。AFOSR 近期资助的许多专题都与高超声速密切相关，并通过大学个体资助模式寻求革命性科学突破，促成空军与大学的合作；通过多学科大学联合研究计划（MURI）模式吸引顶尖研究人员，鼓励高起点、高水平的多学科合作；通过小企业技术转移资助计划（STTR）促成大学与企业界的合作，加速技术创新。在高超声速和湍流领域，重点关注"气动热力学"和"湍流与转捩"两个问题。气动热力学的目标是确认、建模和探索湍流与高速流动中的关键物理现象，强调能量转换，主要研究激波控制流动、非平衡流动和气体–表面交互作用；湍流与转捩的目标是发展未来需求的基础流体物理知识库，强调转捩不稳定性、感受性、粗糙度效应和射流爆裂，主要研究边界层物理、湍流基础、感受性和非稳定性。在低密度材料领域，重点发展大幅度减少系统重量同时不断增强性能和功能的先进材料技术，即提高"比性能"，其途径包括结构轻量化、多功能化和设计材料，涉及科学领域包括材料合成和先进工艺、复合材料与混杂材料、纳米结构材料、界面效应、多尺度材料建模和表征等，希望在传统复合材料基础上进一步减重，结合具体需求建立所需最优化性能自下而上的材料设计方法，通过设计可以耦合更多结构和功能的材料实现系统减重。在极端环境下的空天材料领域，通过发现和表征可承受极端环境的材料，获取可增强未来空军技术革命性进步的基础知识，研究领域涉及发现新材料的理论和计算工具，包括陶瓷、金属、混杂材料（复合材料），预测材料科学定量化微结构的数学、高强度环境下的材料物理和化学，应对极端环境下复杂组合载荷的试验与计算工具，尤其针对高超声速飞行器气动载荷和推进系统带来的极端服役条件，利用锆、铪基等难熔金属化合物突破"硅基被动氧化机制"可重复使用温度限制，考虑服役环境与材料响应的耦合机制，关注材料远离平衡态行为、材料表面损伤行为、能率变化条件下损伤行为以及动态界面行为。

　　为了进一步推进高超声速基础研究，2009 年美国空军与 NASA 联合成立了三个国家高超声速科学中心，以支持基础科学和应用研究，进而增进对高超声速飞行的理解。①国家高超声速组合循环推进中心由弗吉尼亚大学牵头，联合匹兹堡大学、乔治·华盛顿大学、康奈尔大学、斯坦福大学、密歇根州立大学、纽约州立大学、北卡罗来纳州立大学、阿连特公司 GASL 分部、国家标准与技术协会和波音公司，汇集优秀的高速反应流建模人员，开发先进的计算模型和仿真工具，预测组合循环流动物理特性，利用中心特有的设备和先进流场诊断技术，为开发和验证组合循环流动物理特性模型提供详细的数据集。通过建模人员和试验人员联合促进对典型模态转换及组合循环推进的超声速／高超声速流动状态的理解，解决高超声速组合推进系统的共性问题，团队协作效果远远超过单独研究的成果。②国家高超声速材料与结构科学中心由 Teledyne 科学与成像公司牵头，联合加州大学圣芭芭拉分校、科罗拉多大学、迈阿密大学、普林斯顿大学、密苏里科技大学、加州大学伯克利分校和得克萨斯大学阿灵顿分校，建立一个可以充分进行学科交叉和协作的网络，希望通过创造新型混杂层级材料彻底革新高超声速飞行器设计。相关基础科学研究包括在特定结构中组合不同材料的新方法，使材料性能控制机制能够直观呈现的新型实验方法，以及能够在不同尺度下高置信度仿真这些机制的模型等；新的工程科学包括网络状工艺新方法以及将试验和缩比模型集成一个真实的试验系统，该系统将改变材料的设计和校验方法。③国家高超声速层流－湍流转捩研究中心由得克萨斯农机学院牵头，联合加州理工学院、亚利桑那大学、加州大学洛杉矶分校和和凯斯西储大学，希望扩展并增强相关高超声速物理特性并确定全域内主要不稳定型的理论框架，通过基础稳定性试验，为理论框架提供全面的验证，建立并验证转捩控制的策略。主要工作是研究非稳态模态竞争、感受性和因热化学非平衡、表面化学特性、切削加工和表面粗糙度等产生的影响。这些问题相互联系，在中心通过一个预测和控制系统方案进行综合。

2.3   我国近空间高超声速飞行器发展情况

我国发展近空间高超声速飞行器技术，主要依靠国家安全和利益保障、国民经济可持续发展的需求牵引，以及科学探索和技术发展的驱动。从"九五"计划开始，我国针对载人航天、高超声速等技术开展探索性、前沿性研究，随着综合国力的不断提升以及经济、科技的快速发展，逐步加大在高超声速领域的重视和投入。进入 21 世纪以来，近空间高超声速技术的战略作用愈发突出，国家需求愈发强烈，基础研究作用也愈发关键。2006 年，国务院颁布了《国家中长期科学和技术发展规划纲要》（2006—2020 年），明确提出国防科技为维护国家安全提供保障；在 18 个基础科学问题之一"航空航天重大力学问题"中提出，重点研究高超声速推进系统及超高速碰撞力学问题、可压缩湍流理论、高温气体热力学、新材料结构力学等科学问题；同时设立了与近空间飞行器技术密切相关的多个国家级重大专项或科技工程项目，这些项目既包括了关键技术攻关和飞行演示试验，也涵盖了基础研究与前沿探索。

2014 年 1 月 13 日，美国华盛顿自由灯塔网站报道中国在 1 月 9 日进行了一种高超声速滑翔飞行器的首次试验，并将其命名为 WU-14 高超声速飞行器。1 月 15 日，我国国防部对此次试验予以回应："我们在境内按计划进行的科研实验是正常的，不针对任何国家和特定目标。"在此之后，国外媒体陆续报道，2014 年 6 月 7 日、8 月 7 日、12 月 2 日，2015 年 8 月 20 日、11 月 23 日以及 2016 年 4 月 27 日，我国进行了第二次到第七次飞行试验，并指出第四次飞行试验展示了"极强的机动性"，第五次飞行试验首次演练了机动规避拦截能力，在第六次飞行试验后认为该飞行器代号应为"DF-ZF"。该飞行器在两年多时间内连续进行七次飞行试验，引起了世界的高度关注，国外评论，"对同一款飞行器进行如此频繁的试验并不多见，这可能体现了中方对于这种具有革命性意义的新型飞行器的期望"，"表明中国将这种武器的研制置于高度优先位置，且研制正在取得快速进展"。美国参议院军事委员会三位共和党委员表示了对中国飞行试验的关切，他们在高调声明中宣称，在高超声速飞行技术领域，中国显然已经走在美国前面。

2015 年，在中国航空学会官网公布的第三届冯如航空科技精英奖获奖名单与事迹介绍中，首次就我国高超声速飞行器的研究情况，介绍了我国超燃冲压发动机研制成功和高超声速飞行器完成自主飞行试验的情况，我国成为继美国之后第二个实现以超燃冲压发动机为动力的高超声速飞行器自主飞行的国家。

2008 年 5 月，由中国科学院八个相关研究所和中国科技大学联合组建的中国科学院高超声速科技中心正式成立，设有发动机推力性能、主动冷却与结构、材料、气动构型、地面综合实验等五个研究部，旨在通过学科交叉、优势互补的研究队伍和平台，为高超声速学科前沿发展以及高超声速飞行的基础性、战略性、前瞻性问题的重大创新做出贡献。中国力学学会、中国科学院高超声速科技中心、中国科学院力学研究所自 2008 年起联合主办全国高超声速科技学术会议，已经举办了八届，主要报告国内在高超声速流动、超声速燃烧、热防护技术、综合研究等高超领域的最新研究成果。

2007 年，国家自然科学基金委以近空间高超声速远程机动飞行器涉及的关键科学问题为重点，及时启动本重大研究计划，这是我国第一个系统性的高超声速基础研究计划，紧紧围绕近空间飞行环境下的空气动力学、先进推进的理论和方法、超轻质材料／结构及热环境预测与防热、高超声速飞行器智能自主控制理论和方法等四个核心科学问题开展研究，旨在为近空间高超声速飞行相关的物理现象提供基础性认识，为发展关键技术突破提供理论、方法和手段，形成近空间飞行器关键基础科学问题的创新理论与方法，提升我国在相关领域的自主创新能力，支撑相关技术的跨越式发展，聚集和培养一支具有理论和源头技术创新能力的优秀人才队伍。

①在近空间飞行环境下的空气动力学方面，获得了近空间高超声速流动特性的新认识，提出了复杂流动新理论，揭示了复杂流动新机理，提高了物理和理论建模的能力；发展了复杂流动的计算新方法、新模型，提高了对复杂流动的模拟能力；获取了一批创新性的高超声速风洞测试方法和手段，大幅提升了我国地面模拟测试能力和水平；探索了气动布局优化的新方法，提出了前缘降热减阻和飞行控制的新途径。

②在先进推进的理论和方法方面，创新了高超声速进气道和异型流道结构设计方法，为发动机进排气系统和燃烧室的耦合高效设计奠定了重要基础；深入认识了超声速燃烧过程中的点火、传播和稳焰机制，获得了有效的控制方法；发展了新的模拟方法，提高了推进系统与飞行器气动布局一体化研究能力；发展了超声速气流中的爆震理论，为未来基于爆震的超燃冲压发动机的设计指明了方向。

③在超轻质材料／结构及热环境预测与防热方面，进一步揭示了超高温防热材料的响应机理和热致失效机制，显著提高了超高温陶瓷复合材料的耐环境能力和强韧化性能；系统发展了轻质多功能材料与结构设计理论和分析方法，在纳米、多孔、点阵等新型微结构设计和控制方法上取得了重要突破，为提高材料性能和结构优化能力奠定了基础；在材料关键性能测试、表征和等效模拟方法上建立了创新的方法和手段；积极探索了非烧

蚀热防护的新材料、新原理、新方法，热管理复合材料研究取得突破，性能达到世界先进水平。

④在高超声速飞行器智能自主控制理论和方法方面，提出了乘波体高超声速飞行器精细姿态控制的概念，给出了飞行器精细姿态控制系统设计新方法；提出了近空间高超声速飞行器多通道协调控制概念，给出了飞行器多通道协调控制系统设计新方法；提出了基于模型迁移理论的近空间高超声速飞行器动力学建模新方法；探明了高超声速飞行器飞行姿态／气动力耦合机理，给出了耦合建模及协调控制设计方法；建立了高超声速飞行器的非线性耦合动力学模型，给出了气动热弹性颤振控制方法。

第3章 重大研究成果

指导专家组成员和特邀专家遴选出本重大研究计划的 21 项代表性成果，涵盖气动、推进、材料与结构、控制等四个主要研究方向关键科学问题。这些成果充分体现了本重大研究计划的研究水平以及对总体目标的突出贡献。

3.1 高超声速流动的转捩和湍流研究

高超声速飞行时，边界层内的温度往往超过 600K，此时分子的振动自由度将被激发，完全气体模型将不再适用，需研究飞行器表面周围由高温引起的真实气体效应的影响。此时，气体的比热容不再是常数而是与温度有关，层流 – 湍流转捩的预测更为复杂。基于此，本项目开展了比热与温度有关时高超声速可压缩平板边界层的流动稳定性、转捩位置预测、转捩机理等问题的研究，并与常值比热情形进行了对比计算，深入分析了变值比热对转捩等的影响。这是在近空间飞行环境空气动力学领域的尝试性工作，主要得到以下结论。

①提出了采用抛物化稳定性方程（PSE）预测亚音速和超音速边界层

的转捩，准确地再现了层流 – 湍流转捩中导致的突变（breakdown）过程机理，即平均流剖面的修正导致其稳定性特性的明显改变。平板可压缩边界层转捩位置的预测结果与 DNS 相符。同时验证了 PSE 分析 *Ma* 4.5 超音速边界层中二次失稳的可行性，无论二维基本扰动是第一模态还是第二模态的 T-S 波，二次失稳机制都在起作用。随着三维波展向波数 β 变化，放大率 σ 会出现一个最大值，三维亚谐波的放大率随其展向波数和二维基本波幅值的变化关系与不可压缩边界层中所得类似。但是，即使二维波的幅值大到 2% 的量级，三维亚谐波的最大放大率仍远小于最不稳定的第二模态二维 T-S 波的放大率，进而说明二次失稳不是导致超音速边界层转捩的主要机制。在此基础之上，进一步提出了一种计算可压缩边界层转捩及湍流的新方法（PSE+DNS），尤其适用于从小扰动开始的转捩及湍流计算。在层流阶段，直至转捩中的突变开始前采用 PSE，随后采用 DNS 计算转捩过程和湍流，入口条件为 PSE 方法在该处得到的扰动。在亚音速和超音速边界层的两个算例中，得到的转捩位置和湍流与 DNS 计算整个过程所得结果一致，优点在于计算量比远小于 DNS 方法。

②针对传统 e^N 方法无法应用于三维流场中的转捩位置预测的问题，在鞍点法的基础上，提出了一种简便算法；由于一般情况下最不稳定波的群速度方向与势流方向接近，可以利用在垂直于势流方向的幅值增长率为零的假设来进行计算，省略在确定扰动波参数时的迭代计算。对一个平板、圆锥、圆柱组合体绕流边界层的转捩位置进行了预测，分别以速度为 *Ma* 10、高度为 30~45km、攻角为 0° 和 10° 工况下 *N* 值分布情况，分析飞行高度和攻角对转捩位置的影响。飞行器的边界层是否发生转捩与飞行高度的关系十分密切；对于典型高升阻比外形，在飞行 *Ma* 10 时，并非所有部分都会发生自然转捩，比如模型中的圆柱部分不可能发生自然转捩。对于存在转捩的，其转捩面积会随着飞行高度的增加向下游移动或者变小，最终自然转捩会在模型上消失。不同的攻角对不同的位置有不同的影响。与 0° 攻角

48

相比，10°攻角会使迎风的平板部分发生转捩的可能性增大，转捩面积也会变大；对于背风处的圆锥部分，10°攻角却会减弱转捩发生的可能性，使得转捩面积变小甚至消失，而且转捩位置也会变化。此外，针对传统 e^N 方法无法对马赫数为 6 的小攻角高超音速尖锥或小钝度锥的转捩进行预测的问题，提出了一种改进后的 e^N 方法，不仅考虑了扰动的增长过程，还考虑了扰动的衰减过程，由线性理论计算得到的扰动从初始幅值增长到 1% 的位置（被看作是转捩位置），计算结果表明，得到的新的转捩预测结果相当令人满意；采用该方法进行基本流的计算，边界层方程可以用于小攻角的情况，其计算量远远小于直接数值模拟，并可得到一个相当合理的结果。但是，该方法依赖于对初始扰动的正确预估，这显然取决于更多飞行数据的积累和分析。这些研究虽然为该方法的合理性提供了理论基础，但还需大量的实验验证。

③提出了考虑高温真实气体效应（变值比热）简便的直接数值模拟方法。用等效比热比来代替定值比热比，即可用原有的定值比热的方程和通量分裂形式来进行直接数值模拟（程序变动很少）。计算结果表明，该方法得到的基本流与由变比热情况下纳维－斯托克斯（Navier–Stokes，N–S）方程直接分裂求解得到的基本流一致。此外，还研究了高温真实气体效应（变值比热）对预测转捩位置的影响。分别研究了高超声速楔体、零攻角钝锥边界层。尖楔边界层两模态波所决定的转捩位置距前缘均在 10 米左右，而平板边界层两模态波所决定的转捩位置距前缘均在 20 米左右，随着来流马赫数的增大，尖楔的比平板的靠前得更多。通过数值验证，发现平均比热比与由平均温度计算出的比热比非常接近，这给只以平均温度为变量的湍流模式计算变比热气体模型下的湍流，提供了一定的理论基础。在此基础上，用 SST 湍流模式验证了用湍流模式计算变比热气体湍流的可行性。

④建立了考虑变比热的高超声速流动的扰动方程，在此基础上计算变比热高超声速流动的扰动演化和研究转捩机理。利用扰动方程求解扰动演

化时，基本采用 Blasius 相似解和 DNS 求得定常流两种方式。比热值分别取变值和常值，并将结果与 DNS 进行比较。计算中取 40km 高空处气体参数，来流马赫数为 6，在入口处引入一个二维的第二模态和一对三维的第一模态 T-S 波。考虑比热为变值时进行扰动演化计算，并与比热为常值和平板边界层的情况进行比较。计算结果显示，采用两种不同的基本流基于扰动方程计算的扰动演化情况一致，与 DNS 的结果也一致。分析高温真实气体效应（变值比热）对预测转捩位置的影响时，考虑比热为变值时扰动幅值增长较比热为常值时要快，这说明转捩的位置应更靠近前缘，这与 e^N 方法预测结果相符合。因此，选取某一合适的等效比热容值来近似代替比热容为温度函数的情况是不可行的。在高超音速情况下，做飞行器边界层的稳定性分析及转捩预测时，必须考虑比热容随温度变化的因素。

⑤进行了高超音速流动气动加热方面的研究。比热为变值的高超音速平板层流边界层流动在等温壁条件下存在相似性解，基于此，针对不同来流马赫数、不同壁面温度条件计算得到热流值，并以此为校核标准，比较计算了利用 Eckert 的参考焓法所给出的平板气动热的对流换热系数。结果表明，与不可压缩流体不同，高超音速流动的对流换热系数公式（或努塞特准则）不仅需考虑可压缩效应的影响，而且包含壁温这一参数。在壁温取 0.1~0.9 倍绝热壁温时，来流马赫数为 1~10，二者得到的结果最大相对偏差为 2%。工程上 Eckert 参考焓法求解对流换热系数的公式有一定的通用性和正确性，为进一步获得准确的热流进而为飞行器热防护设计提供依据。

3.2 可变体飞行器气动原理与变形结构力学研究

随着对飞行器的飞行效率、机动性和多任务适应能力等综合需求的不断提高，智能变形飞行器近年来逐渐在学术界和航空工业界掀起了研究热潮。然而，智能变形飞行器还是一个崭新的研究领域，各国的研究都还处于不同程度的起步阶段，对于其中的许多概念和关键问题至今还没有非常明确、统一的认识。一般认为，智能变形飞行器是对近年来出现的主动气动弹性翼、自适应气动结构机翼、智能机翼、智能旋翼、变体飞行器等飞行器设计新概念的一个比较笼统的总称，是受鸟类飞行的仿生学启发，综合运用空气动力学、气动弹性力学、飞行力学、智能材料结构、现代机械工程、现代控制技术、信息技术、多学科优化和仿生学等学科技术，通过改变飞行器的几何结构和气动外形来提高飞行器性能以适应多种飞行条件和飞行任务要求，达到全航程最优的一种多功能高效能飞行器概念。

智能变形飞行器的研究是一项富有创造性的工作，涉及非定常气动力学、时变结构力学、气动伺服弹性力学、智能材料与结构力学、非线性系统动力学、智能感知与控制科学等多个学科前沿和热点。其中，作为实现智能变形飞行器的物质基础，重量轻、结构紧凑，既能符合气动承载要求，又能满足飞行器变形需求的可变形结构的设计问题，一直是智能变形飞行器研究中的一项关键内容，也是当前制约智能变形飞行器实现的瓶颈问题。本项目研究工作将在推动国内可变体飞行器研究方面产生一定作用。本项目主要得到以下结论。

①实现了宽广速域（亚声速、跨速域、高超声速）的可变体飞行器气动布局研究。本研究团队从气动布局设计、绕流流动计算与实验、气动特性分析这三方面，探索了亚声速变斜掠机翼和变后掠机翼、跨速域可伸缩机翼和变前掠机翼、高超声速可变体吻切锥乘波体和斜激波乘波体，获得了近空间宽广速域的有效可变体气动布局及其气动特性现象与机理。针对旋转变后掠和剪切变后掠翼身组合体在宽广速域的绕流流场进行分析，采用黏性可压缩流动的数值模拟方法和三棱柱－四面体的非结构－结构混合网格，通过数值模拟得到剪切变后掠具有优于旋转变后掠的特性，前者在宽广的速域内均具有显著优越的升阻比和阻力，主要原因在于不同变后掠

方式所引起的流场结构的显著差异。基于两种结构的气动特性计算结果，设计了气动特性相对较优的飞机外翼段大尺度剪切式变后掠方式，研制了基于可控变形结构与连续变形规律的实验模型。风洞实验表明，其准定常气动特性曲线显示出变后掠的较大气动效益，其非定常气动特性曲线呈现出滞回环，原因可能在于机翼附加速度效应和流场结构迟滞效应。可变后掠角及展长的翼身组合体的风洞试验表明，大尺度变形能显著改变飞行器的升力、阻力和升阻比等气动特性。对于给定的迎角，若其值在一定范围内，则升力、阻力和升阻比均随后掠角增大而减小，随展长增大而增大；最大升力随后掠角增大而增大，最小阻力随后掠角增大而增大，最大升阻比随后掠角增大而减小，最大升力、最小阻力和最大升阻比均随展长增大而增大。对于给定的升力，若其值不太小（如升力系数大于 0.50），则总阻力随后掠角增大而增大；若其值在某一范围内，则存在唯一的展长使总阻力达到理论最小值，寄生阻力随展长增大而增大，诱导阻力随展长增大而减小；若考虑其整个值域范围，则可变形翼身组合体通过其变形可实现阻力的优化，这实际上可为飞行器减阻提供一种新思路。大尺度变形能显著改变飞行器的升力、阻力和升阻比等气动特性，进而使可变形飞行器能适应多种环境和任务，因而在全飞行周期中比传统固定外形飞行器具有更优的性能。

宽广速域的可变体飞行器气动特性现象与机理的研究为近空间可变体飞行器的气动研究提供了一种现实可行的思路，按照此思路设计宽广速域近空间可变体飞行器，机翼几何参数大幅度变化过程中翼面始终保持光滑、连续和无缝。因此，蒙皮在变形过程中具有足够的刚度来维持机翼的气动外形，这降低了对驱动器能耗的要求，在变形过程中翼面保持光滑、连续和无缝，进而可实现优异的气动性能。

②揭示了可变体飞行器典型变形过程中非定常气动特性的现象和机理。建立了二维翼型与三维机翼分析气动模型，并从理论分析和风洞实验

这两方面进行了研究。建立了二维翼型（儒可夫斯基翼型）在低速、亚音速以及超音速流动条件下变形的数值模拟方案，研究了可变形翼型的非定常气动特性。当翼面变形法向运动速度远小于来流速度的不可压缩理想流体时，脱落或尾迹对升力系数和机翼绕流环量的影响很小，变形机翼升力系数准定常计算方法的误差主要来源于流体非定常运动引起的附加升力，该非定常附加升力系数仅与当前时刻飞行姿态及翼型形状和变形速率有关，与具体的变形历史过程无关，变形机翼的升力系数近似等于准定常计算结果叠加上相应的非定常附加升力系数；当翼面变形法向运动速度远小于来流速度时，建立了变形机翼准定常升力系数和非定常附加升力系数在可压缩和不可压缩两种状态下的简单近似对应关系，给出了非定常升力系数与来流马赫数之间的关系；分析了不同马赫数下机翼往复变形过程中气动升力的变化特性；当二维超音速流动时，提出了二维超音速流动条件下对工程上广泛使用的准定常流动设计方案的简单修正方法；着重分析了不同马赫数下机翼往复变形过程中升力的变化特性，同时还与亚音速流动条件下进行了对比。

揭示了可变体飞行器变后掠引起的气动特性动态迟滞现象及滞回环大小与方向的影响因素，基于风洞实验结果和力学中一些重要概念，提出了流场迟滞效应、附加运动效应、固壁牵连效应三种物理效应，以此定性与定量论证了可变体飞行器变后掠过程中非定常气动特性的形成机理，可用于后续可变体飞行器变后掠过程中的气动特性建模。发现了无人机变后掠过程中非定常气动特性曲线在相应的准定常曲线周围形成滞回环；无人机变后掠速率越快，滞回效应越显著；无人机以约 7.5° /s 的速率变后掠，会使非定常气动特性数值偏离相应的准定常数值 5% 以上。变后掠无人机非定常气动特性产生的主要原因在于流场结构迟滞和机翼附加速度新的现象。上述研究为近空间可变体飞行器的飞行力学研究提供了瞬态气动特性依据。

③研究了两类智能变形材料（形状记忆聚合物和形状记忆合金）的力热特性。形状记忆合金丝或颗粒增强的智能复合材料具有特殊的力学性能，智能材料由于其具有不同于传统功能材料的力学特性和形状记忆效应，具有对环境条件（温度、应力等）的感知功能和具有对系统的驱动功能，可以作为自适应结构的主要调控元件。将形状记忆合金丝或颗粒埋入到树脂、金属以及复合材料等基体中，经过细观力学原理设计，可制成具有分布式传感器和驱动器的智能复合材料，从而实现对材料力学行为的主动控制。在深入研究智能材料准静态热力耦合特性和本构模型的基础上，探究了两种 SMA 智能材料的约束态热力耦合特性、不完全相变热力耦合特性和应变率相关动态热力耦合特性；实验测得 SMA 不完全马氏体逆相变过程存在"温度记忆"效应，且重新开始相变的温度与上次热循环中断的温度之间总是滞后 3K 左右。实验测得在中低应变率拉伸条件下存在应变率相关性，准静态拉伸条件下的应力屈服平台消失，塑性段应力 – 应变曲线斜率与应变率成明显正相关关系。智能复合材料也可以被看作一种自适应结构，这为变形蒙皮和变形结构设计提供了材料学基础。

④研究了可变体飞行器的稳定变形结构与高效驱动机构。SMA 致动器具有结构紧凑、双向输出、承受负载高、输出力大、推重比高和位移行程长等优点，采用 SMA 丝驱动元件设计制作的致动器可以获得大推力和长行程。柔性结构在 SMA 丝拉力作用下的变形情况对驱动器的转角输出有很大影响，因此采用三次 B 样条曲线描述柔性结构的形状，通过有限元法分析柔性结构的变形，并应用遗传算法进行柔性结构的形状优化和 SMA 丝作用点位置优化。实际算例表明，利用优化方法可快速有效地获得使 SMA 柔性扭转驱动器输出转角最大的柔性结构形状与 SMA 丝作用点位置。在此基础之上，提出了结合 SMA 致动器和电机各自优点的"SMA 智能材料 – 电机混合致动器"概念，对其中的并联模式和混联模式进行了系统动力学建模与分析，并研制了首台 SMA- 电机混联直线致动器原理样机。针

对其中较粗丝致动器电阻小、电热困难的问题，发明了缠绕漆包线同时通电加热的新型复合电热驱动技术，并建立了简化的热力学模型。这部分研究工作为实现飞行器智能变形结构的高效致动和控制提供了一种新的技术思路，并且为变形蒙皮和变形结构设计提供了动力学基础。

3.3 超声速流中判定物面流动分离边界的多种途径研究及延续研究

高超声速流绕过物体表面的三维凸起物会引起局部流场中的激波与边界层干扰。通常干扰流场中的激波系和边界层特性与无干扰情况相比，均发生明显的变化，并导致物面上的局部压力及热流率的变化。这些变化直接影响飞行器的结构设计与气动力特性。同时，横向喷流技术有着广泛的应用前景，在飞行器姿态控制、发动机推力矢量控制以及冲压发动机燃烧室的燃料注入与混合过程中都遇到类似的问题。超声速气流横向喷入超声速或高超声速主流中时，会产生复杂的激波系之间的干扰以及激波与边界层干扰。为了描述扰流场特性与流场结构的形成及发展，本项目旨在研究超声速来流与超声速喷流的特性，通过理论建模、数值方法与仿真技术，地面试验模拟以及飞行试验验证等三个方面开展工作，并根据现状提出值得注意的问题。高超声速复杂分离流动特性研究是空气动力学学科的前沿研究领域，涉及面广、综合性强、难度高。本研究进一步阐明了高超声速复杂分离流动的非定常物理过程，推动了分离流动基础与应用基础研究，同时提供了可应用的多种技术途径相结合的综合实验技术和定量的规律性的数据，对于推动空气动力学学科发展具有重要意义。通过典型模型（不同后掠角钝舵/平板模型）实验研究，采用不同的测试方法从多方面揭示高超声速分离流动的定常与非定常特性，并结合数值模拟补充描述分离流动的空间结构。本项目主要得到以下结论。

①在中国航天空气动力技术研究院（CAAA）所属FD-20高超声速炮风洞内系统完成了层流、转捩、湍流分离流动特性实验研究，其中层流与转捩实验在实验段 *Ma* 8 的状态下完成，湍流实验在 *Ma* 6 的状态下完成，采用平板模型研究附着流动，采用将钝舵安装在平板上的组合模型研究分离流动，并通过测量气动加热率分布，进一步分析了分离流场特性；获得了平板模型上附着流的边界层状态及详细的热流率分布规律，通过新型传感器获得了层流与湍流边界层的特性，提供了雷诺数（Reynolds number）的影响；因为改变来流参数可能影响实验结果，可利用热流传感器信号变化判别转捩区和转捩雷诺数，并指明初始转捩的位置。过去的国内外研究中，高超声速及层流的结果相当少，而当前及未来发展的近空间飞行器飞行过程中，长航程处于高超声速条件下的层流、转捩、湍流状态，因此本研究既有新颖的科学性，又有重要的应用前景。

②利用多种技术途径综合揭示了高超声速分离流动特性。综合利用的三种试验技术途径包括测量表面热流率分布、脉动压力分布及高速纹影记录（2000帧/秒）。通过对分离区脉动压力变化的研究发现，具有45°后掠角的翼引起边界层分离，层状边界层的抗扰性比湍流情况差，层流边界层分离较早发生，并且分离区域更广泛。在层流分离区域之外的几个测量点之间可观察到类似的流动。然而，在分离区域内部和外部的流动之间存在显著差异。层流边界层的脉动压力水平小于湍流情况。即使这样，在层流情况下，峰值脉动压力仍然达到很高的水平。因此，不应忽略层状边界层分离引起的脉动压力负载的结构影响（包括损坏、早期疲劳）。

③提供了一整套高超声速条件下分离流动特性的定常与非定常实验数据（包括热流率、脉动压力、高速纹影），所提供的结果不仅包括流动机理研究结果，并且力/热载荷特性并重，既可为CFD提供验证数据，又可为工程设计提供参考。

④完成了测量表面热流率的精细测量元件研制。自主研制了高集成度的一体化铂膜式热流传感器,传感器测点密集、测量精度高,有利于较精确地捕捉峰值和谷值载荷,并且传感器性能稳定(经过 23 次高低压冲刷,损坏率仅为 4%),为国内领先技术。

采用本研究获得的层流分离流动特性研究结果、试验技术(高速纹影试验技术和高马赫数脉动压力测量技术)及发展的数值方法等已应用于相关近空间飞行器分离流动特性研究、姿控发动机喷管内外流场特性研究以及多种组合体拦截导弹分离流动影响研究。我国未来重点发展的近空间高超声速飞行器、空天飞行器等都面临气动舵、喷流控制等引起的复杂分离流动问题,对分离现象的准确模拟仍然是 CFD 面临的一项重要挑战。尤其是近年来全世界范围内掀起的高超声速飞行器研制的热潮,以及在高超声速分离流动中出现的剪切层失稳、压力脉动、激波振荡、涡干扰等复杂现象,使得流动分离问题愈加复杂,流动分离对飞行器气动特性的影响变得不可回避而且愈加重要。目前对流动分离的研究主要以简单外形和标准模型为主,对复杂外形和工程计算结果的研究比较少见;流动分离对流场特性如压力、热流分布的影响研究较多,而飞行高度、壁温、迎角等对流动分离的影响研究较少。因此本项目研究成果可为这类飞行器关键技术攻关和工程研制提供重要支撑。

3.4 中低近空间尖头体气动加热特性预测及高热流控制的探索

稀薄气体动力学和高温气体动力学是流体力学研究中还不十分成熟的两个分支学科,相关流动问题涉及分子碰撞、化学反应和宏观流动等多尺度耦合,以及流动、传热和化学反应等多学科耦合,理论解析工作十分困难。

在工程上解决稀薄过渡流区和化学非平衡流动领域问题时，严重依赖于数值模拟和形成于几十年前的经验拟合公式，近几十年几乎没有新理论出现。同时，近年来比较关注的近空间高超声速巡航飞行器，为了追求较高的升阻比和卓越的机动性能，往往采用尖头薄翼的尖前缘外形和非烧蚀热防护技术。根据工程中常用的 Fay-Riddell 公式，前缘驻点热流率与前缘曲率半径的平方根成反比，当前缘曲率半径逐渐减小并趋于零时，驻点热流率将会趋于无穷大，气动热防护技术遇到新的挑战。高超声速稀薄过渡流区和化学非平衡流动及气动加热问题，涉及多尺度、多物理化学因素，尚无成熟理论可用。基于此，本项目重点开展中低近空间尖头体气动加热特性预测及高热流控制研究，揭示了高超声速流动物理机制，提出了具有定量物理意义的流动判据，并基于这些判据构建了适合工程快速估算的气动热预测桥函数，形成了该问题的工程理论框架体系。本项目主要得到以下结论。

①提出了一种在近连续流动状态下略微钝头驻点区域的物理模型，分析稀薄气体效应的宏观性能，即非线性因子在流动中的作用逐渐增强和热传递。将非线性非傅立叶与线性傅立叶热通量之比定义为特征流量参数 W_r，以表示非线性因子的相对影响并表示 NSF 方程的失效，W_r 可测量整个流动状态下稀有气体效应的强度。因此，对于气动热相关问题，提出非傅立叶传热模型，引入具有物理意义的稀薄流动判据 W_r；研究表明，判据能够同时描述气动热特性的演变和高超声速稀薄流的流场结构，并能解释相关的物理机制。根据 W_r 的物理含义和后续扩展，构建了高超声速稀薄流动驻点热流预测桥函数，以预测在稀薄气体作用下尖锐鼻锥的气动热，通过各种比较以及支持 DSMC 的计算和实验测量，验证了本理论分析的合理性和桥函数的可靠性。此外，还讨论了稀疏化标准在工程实践中的应用。

②基于改进的 Lighthill-Freeman IDG 模型和分子动力学理论建立了解离 – 复合速率方程，提出化学非平衡流动模型的数学表达式，用以研究强法向激波后的化学非平衡流，通过物理分析和近似数学处理，进一步构建

强激波后平衡离解度、非平衡特征尺度和波前自由流之间的明确分析关系，给出了描述非平衡瞬态过程的简明归一化公式；基于这些结果，构建了强激波后化学非平衡流动特征与波前自由来流参数的显式解析关系式，可通过波前自由流参数对强激波后非平衡流场参数进行直接的近似预测。通过DSMC仿真结果验证了理论建模分析，表明相应的结论在广泛的实践范围内是合理与可靠的，丰富了非平衡激波流动模型的理论框架，对于评估高超声速风洞实验数据和分析CFD结果具有一定的指导作用。

③基于流动特性的现象学分析，提出沿驻点线的能量转移和转化的广义模型，基于此模型，驻点可分为边界层外以解离为主的非平衡流和边界层内以复合为主的非平衡流。根据激波映射分析，引入边界外非平衡流动判据 Da_d（具有物理意义的 Damköhler 数），并通过归一化公式，预测边界层外的实际非平衡流动状态。研究表明，边界层内原子复合效应与边界层外非平衡离解度变化等效，进而推导出边界层内复合非平衡判据 Da_r（特定的 Damköhler 数）。基于 Da_d 和 Da_r，构建了高超声速化学非平衡流动驻点热流预测的桥函数，以表征非平衡化学反应对边界层传热的影响，该桥函数直接用于航天器气动热的工程快速估算。

④揭示了稀薄气体效应和非平衡真实气体效应的耦合作用机理，讨论了稀薄气体效应与非平衡真实气体效应耦合作用下真实气体流动的相似律；着重分析了中密度非平衡流下尖锐鼻锥传热的新特征，揭示了下一代飞行器尖锐前缘气动热环境特征。此外，传统大钝头再入飞行器的气动热预报模型无法适用于下一代飞行器。

本项目研究以模型理论分析为主，同时结合数值计算和风洞实验数据的验证，最终建立了工程理论。这在当前该领域严重依赖数值模拟和经验公式的背景下，走出了另一条可行的道路，在国内外都比较鲜见，这些工作有助于更深入地认识稀薄和化学非平衡流动的微观物理机制及其宏观规律，补充完善了相关学科的理论体系，并对其在工程问题中的应用做了成功实践，对推动稀薄和高温真实气体动力学学科发展具有重要意义。更重要的是，本研究建立的工程理论可以为工程标模检验提供理论解析角度的支持。工程实际中该领域研究严重依赖于数值计算和经验拟合公式，风洞和飞行实验代价很高。对于近空间巡航飞行器遇到的新问题，由于缺乏对流动机理的清楚认识，这些方法的可靠性和鲁棒性值得商榷。研究结果表明，对于稀薄气体效应和非平衡真实气体效应耦合作用下的气动加热问题，不存在相似律，这就要求工程实验和计算中要复现真实流动条件和采用全尺寸模型，这很难实现。因此，在实验和计算中遇到的困境，也反过来凸显了理论分析工作的重要性和必要性。

3.5   三维可压缩非定常分离的理论和数值模拟研究

分离和旋涡是常见的流动现象，三维分离产生的旋涡，既可能增加升力（如流向涡产生的涡吸力），又可能由于分离流态的变化，引起气动性能的降低（如涡轴抬升以及涡破裂）。因此，准确预测分离，开展分离发生、发展的理论研究，具有重要的实际意义。其中分离理论的研究成果，可以直接用于计算结果的检验和分析。当前数值计算所采用的边界条件，由于在分离点附近理论上不严格，数值上存在误差，往往造成计算得到的分离与实验存在较大差距，从而影响气动特性的准确计算。如何开展三维非定常分离理论的数值分析，需要解决三维非定常分离条件（包括固定壁面和运动壁面）、分离流动形态理论和验证的问题。因此，需要从非定常分离判据、三维非定常固定壁面分离拓扑、多尺度数值模拟方法以及复杂非定常分离流动机理几方面开展研究。此外，空中对抗日趋激烈，对飞行器的机动性和敏捷性的要求越来越高，要求新型空天飞行器能在临近空间进行大范围高超声速机动飞行。不仅飞行攻角变化范围大，而且姿态角、角速度和角加速度等运动参数随时间剧烈变化，出现明显的气动、运动、结构、动力及控制等多学科的非线性耦合现象。新型空天飞行器应具有强耦合、非定常、非线性和控制难等显著特征。随着计算机科学和计算流体力学的发展，以非定常数值模拟为核心，开展气动/运动/控制等多学科耦合的数值虚拟飞行模拟成为可能。数值虚拟飞行模拟需要耦合动态网格生成、非定常流场计算、飞行力学方程求解，还将耦合飞行控制律；如果需要，还要考虑结构弹性变形和动力系统。数值虚拟飞行有助于飞行器设计师在设计之初和整个设计过程中分析与评估飞行器的非线性飞行力学以及稳定性与控制性能。针对现状和需求，本项目主要得到以下结论。

①建立了非定常分离流的理论，通过非定常分离的形态理论阐明了可压缩三维非定常分离的形态与定常流的不同。在来流 Ma 1.8 条件下，流动分离模式由头部闭式分离和锥体开式分离组成，锥体分离随迎角增大会进一步出现多次分离，钝锥头部会出现复杂的鞍、结点组合，虽然这些奇点拓扑结构复杂，但符合分离线上奇点分布规律；在来流 Ma 10.6 条件下，在计算迎角下分离模式仅有开式分离；在此基础之上，构造了不依赖于具体坐标的矢量场 ξ 和 $\boldsymbol{n} \cdot \partial^2 V / \partial n^2$，给出了判据的等价表述，这一表达式可利用数值模拟结果进行直接计算，更加有利于数值分析。

②给出了一系列三维非定常固定壁面分离拓扑结构的计算结果，包括顶盖驱动的方腔流动、非定常钝锥绕流和椭球绕流。在复杂非定常分离流动机理方面，发现了基于从极限环起始的新的流动分离形态，提出了封闭极限流面的新概念；发现了双三角翼新型横流涡，得到了旋涡亚结构的高精度数值模拟结果；揭示了一系列复杂非定常流动分离和旋涡运动的机理。

③针对复杂多尺度非定常流动的计算需求，发展了若干高阶精度、高分辨率的数值方法。在特征分解过程中，采用迎风或者加权本质无振荡（WENO）格式插值代替原格式的 Roe 平均法，能够彻底消除激波下游的非物理波动，解决了捕捉激波的高阶精度 WENO 格式对含激波的定常流动

的不收敛问题。对于包含强激波和复杂流动特征的流动而言，五阶 WENO 格式是一个理想的数值研究工具。特别需要指出的是，在数值计算中，本项目开发的五阶 WENO 并行软件的并行效率，达到 98% 以上。基于此，本项目开展了激波与单旋涡相互作用、激波与旋涡对相互作用、激波与三维纵向旋涡的相互作用，以及可压缩各向同性湍流的直接数值模拟研究，揭示了激波与旋涡间相互作用中的激波动力学特性、旋涡变形、旋涡破裂和声波的产生机理，以及湍流等多尺度复杂流动的流场结构和流动机理。高阶 WENO 格式具有很好的分辨率和稳定性，是研究上述包含强间断与复杂流场结构的流动的理想数值方法。研究发现，激波与强旋涡相互作用具有多级特征，即激波与初始旋涡的相互作用、反射激波与变形旋涡的相互作用、小激波与变形旋涡的相互作用。激波与旋涡对相互作用中产生的声波包含线性区和非线性区两个区域。在线性区，激波与旋涡对相互作用产生的声波是激波分别与每个旋涡单独作用产生的声波的线性叠加；而在非线性区，则与激波和耦合旋涡对的作用有关。在激波与纵向旋涡的相互作用过程中，发现旋涡破裂区存在多螺旋结构。在高初始湍流马赫数的各向同性湍流脉动场中，也发现了广泛报道的"小激波"的存在，这是可压缩湍流有别于不可压缩湍流的显著结构特征。

④初步建立了考虑气动、运动、控制耦合的虚拟飞行一体化数值模拟方法及相应的软件系统（未考虑结构气动弹性的影响），而控制系统仅实现了最简化的开环和闭环控制。利用这一一体化数值模拟方法，对某窄条翼机动导弹绕固定质心的定马赫数姿态角控制和过载控制过程进行了初步的数值模拟，导弹由弹身和三组空气舵组成，通过尾舵的摆动对弹体的姿态进行控制，输入指令为在给定的时间内导弹的攻角由 0 变化到预设角度，并继续保持，计算马赫数分别为 0.6 和 0.8。由于弹体俯仰惯性较大，采用了"松耦合"策略。计算得到的响应时间和控制律仿真预设值较好符合，说明该一体化数值模拟技术能够胜任此类虚拟飞行过程的数值模拟，数值

模拟结果合理可信。此外，建立了 N-S 方程、动力学方程、控制律紧耦合的计算机制，并在理论和数值上对耦合方法的适应范围进行了研究，探讨了在非结构网格下的几何守恒律问题。该项模拟技术可以直接应用于新一代战斗机过失速机动、新型机动导弹和临近空间飞行器大范围快速机动的数值模拟，对飞行器控制律进行验证，真正实现多学科融合设计，降低飞行试验风险，加速新型飞行器研制进程。

3.6　碳氢燃料超声速燃烧室火焰稳定机理实验研究

碳氢燃料超声速燃烧火焰稳定是流动与燃烧高度耦合的过程，本项目通过实验、数值模拟和光学测量相结合，摸清了稳焰模式与存在条件、稳焰模态转换的关键影响因素、火焰稳定极限及影响因素，有利于流体、反应动力学、先进光学等多学科交叉融合，有利于基础学科与实际应用紧密结合。本项目主要得到以下结论。

①自主开发了高频脉冲纹影系统，通过缩短曝光时间来冻结流场，同时利用脉冲火花光源在短曝光时间内脉冲放电能量远高于燃烧室背景辐射能量的特点，有效消除了燃烧室背景辐射的影响，获得了 Ma 3.0 的超临界煤油燃烧过程清晰流场结构图像及其演化过程；在此基础之上结合平面激光诱导荧光（PLIF）、CH 自发辐射、高速摄影、壁面测压、激光纹影和数值仿真等多种手段，获得了碳氢燃料超声速燃烧同一瞬态时清楚的流场和火焰结构，解析了超声速燃烧火焰动态传播过程，认识了不同稳焰模式下流场和燃烧区特点，发现了碳氢燃料超声速燃烧可能存在的三种稳焰模式以及存在条件；发现了燃料喷注点附近气动喉道的形成和演变是凹腔稳焰和射流尾迹两种稳焰模态之间振荡的一个主要原因。

②首次系统地获得了主要参数对碳氢燃料超声速燃烧吹熄极限规律，

从理论上分析了超声速气流中凹腔稳定燃烧的贫燃与富燃吹熄机制。剪切层稳燃模式和剪切层中火焰基底的假设大大简化了吹熄极限附近凹腔火焰稳定机理的分析，将火焰基底在剪切层中的维持作为稳定判据，能够使有效当量比和 Damköhler 数与吹熄准则直接联系起来；在富燃和贫燃吹熄极限条件下，从流场的三维特性上分析了可能的吹熄过程，由此实现了吹熄极限模型与来流条件、喷注参数以及凹腔构型的关联；对于质量输运过程，超声速气流中横向射流穿透与混合模型的引入使得模型中有效当量比的确定更加合理，而凹腔卷吸过程的模化给出了准稳态下回流区内产物质量分数的计算模型，改进了已有模型中较为粗糙的估计方法，适当选取模型中经验常数；获得了与实验数据基本吻合的吹熄极限边界，在一定程度上证明了模型的可靠性。基于规律的认识，提出了兼顾推力性能、火焰稳定性、燃烧室不起动和释热分布的燃烧组织策略和一种错位双凹腔新型燃烧室构型，分析了喷油器间距对静压分布、比推力增量和壁温分布的影响、第二阶段喷射对火焰稳定性的影响以及两阶段喷射的燃料流量比对静态压力分布和比推力增量的影响。实验结果表明，在小的喷射间隔下，发动机推力增大，燃烧不启动的可能性增大，壁温均匀性降低，平衡燃烧室的性能可以通过一个最佳区间或一定的最佳区间来实现；增加来自第二喷射阶段燃料喷射的当量比，可以大大降低在第一喷射阶段中燃料喷射的吹熄极限，增大两个喷射器间距离，降低第二喷射阶段的稳定性。

③提出了局部补氧拓展燃烧稳定性的新方法，基于实验结果和数值模拟计算，分析了氧气添加对凹腔内局部流场结构特征及其燃烧稳定的作用机制。在不同的补氧喷注方式下，凹腔内的火焰结构呈现出不同的特点，补入适量的氧气能够弥补凹腔内空气质量交换率的不足，改善浓度条件，提高燃烧强度。初始凹腔内燃烧强度的差别使得自持燃烧阶段存在局部反馈和全局反馈作用下的两种不同强弱的燃烧形态。在只有单侧补氧的情况下，单侧凹腔燃烧建立全局压力响应并形成气流壅塞环境，是局部火焰向

主流扩展并实现异侧火焰传播的必要条件。局部补氧方法极大地提高了火焰稳定性，具有工程应用价值；此外，在连续稳定燃烧极限范围以外存在脉冲燃烧现象，可以产生脉冲式推力。

④首次针对碳氢燃料超声速燃烧自主开发了大涡/雷诺平均数值模拟平台，其中使用部分搅拌模型解决了流动和燃烧相互作用难题，使用简化机理（如 39 个物种及 153 步反应的煤油简化机理）充分考虑了化学反应机理的影响。在燃气射流掺混方面，首次解析欠膨胀射流开尔文 – 亥姆霍兹（Kelvin-Helmholtz，K-H）波系和喷口精细结构，发现了大尺度螺旋性结构和特点，诠释了流动失稳过程和机制。

3.7 碳氢燃料超声速燃烧机理构建和实验验证

碳氢燃料的燃烧过程是一个非常复杂的物理、化学和力学过程，其中有大量的中间产物生成，如 OH、CH、C_2 等小自由基。要实现对燃料燃烧化学反应过程的控制，需要研究燃烧产生的各种主要中间体，掌握燃烧的主要反应步骤，获得关键反应动力学、热力学参数，分析影响反应的各种因素，结合理论构建碳氢燃料裂解 – 燃烧详细反应机理，建立碳氢燃料裂解 – 燃烧反应详细机理自动生成程序及机理简化方法等问题。基于此，本项目主要得到以下结论。

①开发了碳氢燃料反应机理自动生成程序（ReaxGen-Combustion），用于研究 C_5 及其以上碳原子数的分子和自由基参与的反应。程序假定烷烃的高温燃烧反应以自由基的链反应机理为主要特征，高温燃烧反应的种类有限，具备程序化的特征。大于 C_4 的物种参与反应时，反应中心受分子大小和周围环境的影响很小，其反应动力学参数按反应归类的方式确定。利用该程序，对甲基环己烷高温燃烧详细机理进行分析，根据 20 个烷烃的

高温燃烧反应类型，构建相应的子程序模块。高碳烃的起始反应物调用相应反应方程，所得的产物也调用对应的反应方程，由此产生一连串的链反应及相应的动力学参数。再结合核心机理，得到高碳烃高温燃烧反应的动力学数据文件。生成甲基环己烷高温燃烧的动力学文件中包含2034个反应，热力学文件中包含344个物种。通过反射式激波管模型对甲基环己烷的高温燃烧进行动力学模拟，验证了燃烧详细机理的合理性，且与国际上公开的Pitz机理的结果相似。在此基础之上，针对航空煤油的组成的复杂性，以单一正癸烷作为国产航空煤油的单组分替代模型，应用"ReaxGen-Combustion"，构建了燃烧反应的详细机理。程序生成的正癸烷详细反应机理共含388个物种和2226步化学反应。结果表明，单组分正癸烷燃烧反应机理模型能够较准确地模拟预测我国航空煤油的燃烧特性。自主研发的我国第一套航空燃料反应机理自动生成程序改变了我国燃烧仿真依赖于下载国外机理的现状。

②采用详细化学反应动力学机理的系统简化方法，以典型航空燃料的替代组分正十二烷为研究对象，开展了正十二烷高温燃烧化学动力学机理的系统简化，采用多步直接关系图（DRG）法和基于计算奇异值摄动（CSP）法重要性指标的反应移除方法，对由1279个组分、5056个基元反应组成的正十二烷燃烧详细机理进行框架简化，构建了包含59个物种和222步基元反应的正十二烷高温燃烧化学动力学框架机理。通过对多步DRG与单步DRG简化结果的比较发现，对于组分数较多的详细机理的简化，两步DRG方法与单步DRG方法相比更适用。进一步采用CSP方法对框架机理进行时间尺度分析，依据物质在慢模式中的贡献进行准稳态物种的精确识别，在此基础上结合准稳态近似（QSSA）方法构筑了包含49个组分的全局简化机理。计算结果表明，框架机理和全局简化机理都能在较宽的模拟条件下，重现详细机理对点火延迟时间、主要物种浓度变化和熄火等模拟结果。与详细机理相比，框架机理更容易用于分析正十二烷高温燃烧

中所涉及的重要物种和反应。在此简化框架的基础之上，建立了燃烧反应热力学和动力学参数的计算方法，开发了机理简化软件和数据库，初步构建了我国第一个燃烧数据共享和燃烧机理在线构建平台。

③在加热激波管平台上研究了碳氢燃料如三甲苯、RP-3 等的自点火特性，测试不同温度、压力和当量比下气相 RP-3/空气混合物的点火延迟时间。在 750~850K、10 标准大气压下首次测到了国产 RP-3 航空煤油点火延迟的负温度系数效应，负温度系数随点火温度的降低而略有下降，这主要是高温和低温下燃烧反应机理的不同引起的。基于大量测试数据，推导了不同当量比和压力下点火延迟的表达式。当压力以相同当量比增加时，整体活化能降低，压力的增加导致测得的点火延迟时间减少。基于 RP-3 的组成鉴定，提出了 88.7% 正癸烷和 11.3% 1,2,4- 三甲基苯作为 RP-3 的替代物。采用 N. Peter 提出的动力学机制模拟替代物的点火延迟的仿真结果与实验结果吻合较好，说明 RP-3 替代模型非常适合 RP-3 燃烧。这一研究工作为 RP-3 喷气燃料的替代动力学模型的开发和验证提供了基础数据库。

④建立了航空燃料高温热物性的系列在线测量新方法（包括密度、流速、热沉、黏度、换热系数），首次科学地定义了化学热沉并建立了测量方法。高温裂解气密度的精确测量解决了在 750℃以上条件下，高温裂解气在冷却通道中的流动速度的实验测量问题。这些高温热物性测量方法为超燃冲压发动机主动冷却设计关键技术攻关奠定了必要基础。

⑤自主开发了第一个工程化国产航空燃料燃烧模型，并成功实现反应－湍流耦合的超燃冲压发动机内流道数值模拟。提出了超燃冲压发动机主动冷却的双压裂解创新方案，克服了国内外流行的超临界主动冷却方法的缺点，大幅提高了化学热沉，克服了高压裂解时燃料结焦的瓶颈问题，实现了主动冷却技术的新突破。

3.8 超声速气流中缓燃与爆震的传播、相互转化机理及其应用研究

爆震燃烧因其较高的释热效率在推进领域备受关注，是先进高超声速推进技术的一个重要发展方向，在推进系统中有广阔的应用前景。爆震燃烧是耦合了强激波和波后剧烈化学反应并以超声速传播的燃烧波，具有等容燃烧的热力学特征，能够迅速释放更多的机械能。在发展基于爆震燃烧的动力系统过程中，起爆一直是关键问题，可靠的爆震起爆是爆震燃烧研究的核心技术之一。直接起爆能够用较大的点火能量使得爆震能够在较短时间较少距离内形成，是更加接近实际应用的一种点火方式。除了强冲击波和爆震波以外，直接起爆还能通过带有高化学活性的热射流来完成。本项目针对超声速气流中热射流起爆与爆震传播的相关问题，阐明了超声速气流中的热射流起爆机理及关键因素影响规律，初步验证了基于爆震燃烧的超燃冲压发动机的可行性，为未来发展高效的新概念高超声速冲压发动机奠定了坚实基础。本项目主要得到以下结论。

①系统开展了超声速预混气中热射流起爆与传播过程的精细数值模拟与实验研究，验证了热射流直接起爆超声速预混气的可行性，清晰阐明了超声速预混气热射流起爆机理与传播规律，讨论了超声速来流条件下热射流对爆震的控制功能，并且通过实验观测，对超声速来流条件下爆震波的传播模态进行了研究。由于 K-H 不稳定性，热射流喷注进超声速流场后会诱导形成一个剪切层分界面，这整个剪切层分界面作为一个自由边界，导致爆震波后压力增加，继而促成过驱爆震的形成。通过控制热射流的喷注可以间接控制剪切层自由边界的形成，从而实现对超声速可燃气爆震波传播的控制。当喷入热射流形成剪切层自由边界时，流场中形成过驱爆震；反之，当关闭热射流剪切层自由边界消失时，流场中过驱爆震衰减为查普曼 – 茹盖（Chapman-Jouguet，C-J）爆震。实验观测中发现超声速可燃气

实现热射流点火后流场中主要存在两种燃烧模式，即斜激波诱导燃烧和斜激波 / 马赫爆震波，并且两种模式之间存在相互转化的可能性。

爆震起爆的条件，对于超声速可燃气的马赫数以及压力两个参数存在着一个成功起爆的区间，而对于热射流马赫数、热射流压力、热射流孔径以及管道高度等参数，存在一个是否起爆成功的临界值。利用自适应 AMROC 模块对自由流马赫数、热射流马赫数、自由流压力、热射流压力、热射流直径、自由流通道高度等流动参数和几何参数对超声速可燃气爆震起爆的影响的模拟研究可以发现，起爆存在一个自由流马赫数范围（ $Ma_{\infty\min}$, $Ma_{\infty\max}$ ）。当 Ma_∞ 值超过该范围时，热射流不能起爆，流场保持稳定的激波或热射流引起的激波反射。对于其他参数（包括热射流马赫数、自由流压力、热射流压力、热射流直径和自由流通道高度），存在一个起爆临界值。当它们大于临界值时，最终可以实现起爆，参数越大，起爆越快；否则，流场将保持激波或激波反射的最终稳定状态。对于自由流压力和自由流通道高度，当它们大于临界值时，流场也将保持最终的稳定状态；否则，最终可以实现起爆，起爆参数越小，起爆速度越快。

②国内外首次获得了速度和组分不均匀的超声速预混气中热射流起爆与传播特性与规律，发现了不均匀条件下新的流动现象。通过高精度数值模拟对速度不均匀超声速可燃气开展了系统的研究，采用 9 种组分（ H_2 、H、O、 O_2 、OH、 H_2O 、 HO_2 、 H_2O_2 、Ar ）和 34 种基本反应的详细反应模型分析了速度不均匀条件下热射流爆震起爆的特性以及成功起爆后爆震波自持传播的模态。结果表明，在速度不均匀超声速可燃气中，当热射流诱导的弓形激波到达分界面时，激波在界面处会产生一个转角，以实现分界面处的波后压力匹配。上壁面处的马赫反射最终会导致分界面附近形成一个局部马赫爆震波，从而在流场中实现局部爆震起爆。马赫爆震波的下方三波点沿着弓形激波前传，在下壁面和上方三波点间的连续反射碰撞对下半流场爆震成功起爆作用明显。最终在速度不均匀的超声速可燃气中形成的动

态稳定"激波／马赫爆震波"结构以一个整体匀速前传,在上下流场分界面处的曲形激波后面生成了两条平行滑移线,同时因为速度分层和分界面处的曲形激波,生成了四个明显的速度层结构。此外,实验证实了在速度不均匀的超声速来流中,以下半流场的速度为基准,通过改变上半流场的速度,爆震起爆与传播将会呈现不同的规律及特点,发现了可以实现爆震起爆的马赫数范围从均匀流场中的［3.7248,4.656］变为不均匀流场中的［2.328,5.1216］。由此可见,在速度不均匀超声速流场中,能够成功实现爆震起爆的来流马赫数范围在一定程度上增大,从而使得爆震成功起爆的适应性更强。

随后,依据组分平均化学活性,对组分不均匀超声速可燃气中爆震起爆、传播模态进行了深入研究,探索不均匀超声速来流条件下爆震起爆与自持传播的可行性。当混合物化学反应活性较高时,流场中最终都能实现爆震起爆,与混合物在流场中的空间分布无关,并且流场中出现"爆震侧向膨胀"传播模式的四个发展阶段,即爆震起爆、爆震衰减、爆震熄爆以及爆震重新起爆。当混合物反应活性一般时,爆震燃烧在流场中能够完全实现,并且上半流场和下半流场爆震过驱度不同。关闭热射流后,流场中最终形成一个微过驱与微欠驱爆震,并出现一种新的"动态平衡组合爆震"传播模式。当混合物化学活性偏低时,爆震起爆不能实现成功起爆,这种情况下只能采用能量更强的热射流才可以实现爆震起爆。混合物的不同空间分布对爆震的形成和演化具有关键影响,在高度固定的管道中改变混合物的相对分布高度,或者直接改变管道高度调整混合物不同组分的分布范围,最终都将影响流场中的爆震传播形态。

③获得了不同燃烧室构型对起爆与爆震传播的影响规律,开展了超声速爆震原理发动机推力性能试验,测得了爆震模型发动机的有效推力。凹腔的燃烧室构型能够通过其中的震荡和反馈机制实现燃烧稳定,并且作为一种火焰稳定装置在超燃冲压发动机中得到了广泛应用。因此,采用高精

度数值模拟对凹腔耦合和扩张型面燃烧室型面条件下超声速可燃气热射流爆震起爆、传播模态以及自持机理开展了系统研究，分别获得了凹腔耦合构型及其与热射流相对位置、扩张型面与扩张角度对爆震起爆与自持传播的影响规律。凹腔内部低速燃烧产生的压力振荡能够增强热射流诱导的弓形激波的强度，从而有助于马赫反射的形成，产生局部起爆点。凹腔对超声速可燃气爆震传播也能发挥作用，关闭热射流后，凹腔内部低速燃烧产生的压力声波能够跨越亚声速通道，作用于上游爆震波面，从而最终导致弱过驱爆震波的形成。对于流过浅凹腔的特定流体而言，存在一个最小的凹腔宽度 L_{min}。当凹腔宽度小于 L_{min} 时，凹腔只能产生一些压力振荡波，而凹腔振荡不能发生，从而只能对超声速可燃气爆震起爆传播产生相对较小的作用；当凹腔宽度大于 L_{min} 时，则会发生凹腔振荡，能够对爆震起爆和传播产生较大的影响作用。对于浅凹腔，改变凹腔的深度对超声速可燃气爆震起爆传播不会产生额外的作用；而对于深凹腔，通过凹腔自身的共振振荡能够加速超声速可燃气爆震起爆传播，对其产生明显的作用。N-S 方程中的黏性扩散效应能够抑制小尺度涡结构的生成，但是对于由于 K-H 不稳定性发展起来的高度不稳定剪切层涡结构以及里克特迈耶 – 梅什科夫（Richtmyer-Meshkov，R-M）不稳定性导致的涡结构的影响可以忽略。在临界稳定爆震中，扩张管道膨胀扇引起的流场不均匀性会导致在激波后方生成未燃射流。而由于分离剪切层和 R-M 不稳定性生成的大涡结构的扩散效应，未燃射流能够与已燃产物进行混合，进而促进未燃射流的消耗，加快化学释热，最终在热射流持续喷注条件下导致爆震周期传播。关闭热射流后，由于多个次三波点结构和其后的滑移剪切层的生成，爆震波面后方形成高度湍流。相对于众所周知的 R-M 不稳定性，高度不稳定剪切层中的大尺度涡结构主导了湍流的生成以及未燃射流与已燃产物的快速的湍流混合，进而促进了未燃射流的消耗与化学释热，所以爆震波面通过未燃射流周期性的生成和消耗，基本能够维持在同一位置驻定传播。较大的扩张角度能够诱导形成较大尺寸的未燃射流,进而通过 K-H 不稳定性形成较大尺度的涡结构。涡结构导致的湍流能够强化马赫干后方未燃反应物与已燃产物的混合速率,进而加快未燃反应物的消耗反应。扩张角度增大尽管会导致更高的膨胀率,但是爆震在扩张管道中传播速度更快,过驱度更大。

④在应用自适应网格加密方法提高计算效率的基础之上,基于天河二号超级计算机系统,发展了三维块结构自适应并行计算平台。采用详细反应模型进行大规模三维爆震自适应网格加密数值模拟,开展了超声速预混气热射流起爆过程的三维大规模并行数值模拟,研究真实三维条件下超声速可燃气爆震的起爆传播特性,并且分析比较二维与三维超声速可燃气热射流爆震起爆传播的联系与区别,进而获得了精细的三维爆震波结构及其发展演化过程。热射流诱导形成的弓形激波面同侧壁以及上壁面发生碰撞反射之后,在上壁面处形成了一个马赫波面,并且同其后燃烧区紧密耦合。通过二维和三维爆震模拟结果对比可以发现,三维爆震中的侧壁效应对超声速可燃气中的爆震起爆作用关键,因为在起爆过程中侧壁能够促进三波线的碰撞与反射,而在同样条件下的二维模拟中,爆震不能成功实现起爆。一定条件下,三维管道前后侧壁之间存在一个爆震成功起爆的临界宽度。当管道宽度大于临界值时,弓形激波面不能实现有效反射,从而导致爆震起爆失败。爆震起爆成功之后,热射流持续喷注时,无论是二维还是三维爆震均实现过驱传播,并且各自均有一个稳定的过驱度。尽管三维爆震过驱度小于对应的二维爆震,但是三维爆震波面结构展现出更大的波动性。三维条件下横波面的传播以及三波线的碰撞可以在多个方向实现,使得三维爆震波面结构同二维爆震相比更加不规则。关闭热射流之后,二维和三维爆震均逐渐衰减为 C-J 爆震。同二维 C-J 爆震相比,三维 C-J 爆震特征参数与二维结构几乎一致,包括 C-J 速度、横波速度、振荡周期、胞格尺寸等,这说明二维爆震不稳定性在三维爆震中得到了体现。然而与二维爆震不同的是,三维爆震中拍打激波在侧壁的反射使得在主振荡之外形成了

一个次振荡模式。拍打激波只存在于三维爆震中，这表明相对于二维爆震，三维爆震体现出了更强的不稳定性。二维和三维爆震的定量压力对比分析验证了这一结果，即三维爆震相对二维爆震体现了更强的波动性。

3.9　高超声速气流新概念压缩系统研究

采用吸气式推进系统的高超声速飞行器中，高速气流首先在进气道内被预设的压缩面所压缩，给下游的燃烧室提供所需要的流量和流场。作为推进系统热力循环的第一步，进气气流的压缩过程是关键之一。对于压缩系统而言，其主要作用就是对高超声速气流进行减速增压。合理、巧妙、高效率地组织激波或者压缩波来压缩气流是压缩系统的首要设计任务。前期研究发现，弯曲激波压缩系统包括特殊设计的弯曲压缩面、内凹弯曲激波、压缩面与激波之间的等熵压缩流场，能较好地融合上述一系列新的设计理念。以此为基础，本项目创新性地提出并逐渐形成了一种全新的超声 / 高超声速进气道反设计方法，即从进气道出口截面的气动参数要求出发，或者从压缩面的气动参数合理布局出发，设计整个或部分的进气压缩流道。这种逆流向的反设计完全基于下游燃烧室气动参数的需求来完成；压缩壁面及其整个压缩流场的设计基于给定压缩面的增压规律、给定压缩面的减速规律或者给定弯曲激波的形态来完成。本项目试图用全新的方法探索高效、低阻的高超声速进气道设计方法。本项目主要得到以下结论。

①建立了指定出口马赫数分布的超声 / 高超声速内流道反设计方法，由指定的出口超声速流场出发，利用有旋特征线法流动信息沿马赫线传递的特性，逆流向分块构建支配流场和单道、两道或多道内凹弯曲激波，创造性地提出将曲面压缩流场和出口流场的支配区合理科学地镶配起来，走通了超声速内流道的反设计流程，实现了由出口马赫数分布的高超声速进

气道反设计。为了检验上述反设计方法的正确性，对于单道弯曲激波，在给定自由来流马赫数 $Ma_0=6$ 和出口中心线马赫数在 3 到 4 之间线性分布的条件下，设计了试验模型，分别在设计点（$Ma_0=6$）和非设计点（$Ma_0=5$）进行了有粘数值模拟和风洞试验，纹影照片中明显可见形成的弯曲激波。试验结果与预定目标值以及有粘数值模拟结果高度吻合，证明了该反设计方法的正确性。为了满足实际发动机进气道在飞行器上安装布局的要求，在预先给定出口马赫数分布的前提下，利用二维有旋特征线理论可实现压缩面马赫数分布可控的两弯曲激波和三弯曲激波高超二元进气道反设计。计算结果表明，设计点时，无粘条件下两种反设计方法均能实现预设出口马赫数分布，有粘条件下反设计的进气道出口主流区马赫数分布与预设分布吻合较好，接力点时出口主流区马赫数仍然保持较好的均匀性。以上结果说明这两种反设计方法均是正确可行的。设计条件下，在捕获高度、无粘出口高度、设计无粘总压恢复系数和装配点处流动参数均相同时，两弯曲激波反设计方法波系简单、有粘接力点流量系数较三弯曲激波高10.2%；三弯曲激波反设计方法有粘时内收缩比较前者小 17%，设计点和接力点时总压恢复系数分别较前者高 2.9% 和 2%。随后，开展了双弯曲激波实现均匀出流的反设计试验研究。结果表明，这种双弯曲激波设计实现了三个预定目标：出口流场基本均匀，出口流向趋于水平，以及同样的压缩量下总压损失小于单激波设计。研究还发现，这种弯曲激波压缩方式对非均匀超声速来流（例如高超声速飞行器前体附面层来流）具有一定的"校正"能力。该部分的研究还局限在二维压缩通道的反设计。为了将这种反设计概念拓展到三维压缩流道，利用二维切片叠加的技术将以上二维情况的反设计方法扩展到三维，由此建立了给定出口马赫数空间分布反设计三维内流道的初步方法。作为算例，给定出口流场马赫数沿 y 方向、z 方向均为线性分布，进行三维压缩通道的反设计，证实了设计思想的可行性。

②建立并发展了根据给定压缩面压升规律反设计整个弯曲激波压缩系

统的方法。该曲面压缩系统能够产生分散、不汇聚于一点的等熵压缩波系，前缘激波受此作用而形成弯曲激波，气流主要由弯曲激波和壁面与弯曲激波间的等熵压缩波系共同作用而完成压缩。壁面压升规律决定了曲面压缩系统流场中流线上的压升规律，并且主要设计参数中压升规律中段的压力梯度 D2 和 D3 对流场性能的影响最为显著。提出了一种能够改善常规等熵压缩面壁面压力分布的 S 形压升规律，S 形压升规律中前缘部分压力梯度变化的斜率较大，而末端部分压力梯度变化的斜率则逐渐减小并趋近于零，避免末端出现比较大的逆压力梯度。这样就能有效改善常规等熵压缩面的壁面压力分布，并且重新分配整个壁面的增压作用，主要利用压缩面前部对气流进行压缩。

根据壁面 S 形压升规律的曲面压缩系统，设计壁面压升规律可控的二维进气道。利用弯曲激波压缩气流，能够有效缩短外压缩面的长度，与常规三楔压缩和楔+等熵压缩进气道相比，分别缩短12%和10%。均匀来流时，壁面 S 形压升规律的进气道在设计状态的性能介于常规楔+等熵压缩进气道和常规三楔压缩进气道的性能之间；而在非设计状态下，弯曲激波的形状受来流马赫数变化不敏感以及对气流造成的损失较小，因而壁面 S 形压升规律的进气道的性能优势尤为突出。特别是接力状态 $Ma=4$ 时其流量系数达到 0.758，同常规三楔压缩和楔+等熵压缩进气道相比分别提高 9.5% 和 7.5%；同时喉道总压恢复系数也分别提高 3.2% 和 1.4%。非均匀来流时，在整个工作范围内，随着 δ/H_C（H_C 为进气道捕获高度）的增加，三种进气道的流量系数和喉道总压恢复系数均降低。设计状态下，三种进气道的喉道总压恢复系数的下降量相当，而壁面 S 形压升规律的进气道的流量系数和喉道流场畸变指数降低最小；非设计状态下，壁面 S 形压升规律的进气道的流量系数和喉道总压恢复系数均降低最小。此外，壁面 S 形压升规律的进气道对非均匀来流还具有一定的校正作用。由于壁面压升规律的形式各种各样，本项目以有效改善等熵压缩面的壁面压力分布为目的，研究了一种 S 形压升规律,并将所得到的曲面压缩系统应用到二维进气道的设计中,采用弯曲激波压缩的进气道性能明显优于采用常规压缩方式的进气道。

采用曲面压缩系统改进侧板后,以等熵压缩为主、激波压缩为辅对气流进行压缩;同时唇口溢流窗略有减小,$Ma=5$ 时其减小幅度最大,达到 2.3%。同参考侧压式进气道相比,在整个工作范围内,侧板采用曲面压缩的侧压式进气道的流量捕获能力略有提高;而其喉道总压恢复系数则得到一定程度的提升。接力状态 $Ma=4$ 时,其喉道总压恢复系数提高 1.3%;设计状态 $Ma=6$ 时也提高 2.4%。因此,将曲面压缩系统应用到三维侧压式进气道中能够减小唇口溢流窗,并且将进气道中激波压缩转变为曲面的等熵压缩和较弱的前缘激波压缩。这样就提高了进气道的总体性能,尤其是非设计状态下的性能。在此基础上,还研究了该方法在轴对称及内收缩等多种压缩型面与进气道设计中的应用。

③建立了给定压缩面减速规律的压缩面型面反设计方法。由于压缩面的增压规律与减速规律的非线性关联,二者对压缩效率的敏感程度有差别,因此构建了给定减速规律的曲面压缩面反设计方法。该曲面压缩系统能够产生疏密程度可调、不汇聚于一点的等熵压缩波系,前缘激波受此波系作用而形成弯曲激波,通过弯曲激波、壁面与弯曲激波之间的等熵压缩共同对气流完成减速增压作用。基于给定壁面减速规律设计曲面压缩系统的方法,研究了壁面马赫数线性分布和二次分布两种常规减速规律,分析了主要设计参数对其流场性能的影响,并发展了一种壁面马赫数采用两段连续分布的减速规律设计方法。壁面马赫数线性减速规律的曲面压缩系统流场性能受马赫数线性变化的斜率 A 影响最大;而壁面马赫数二次减速规律的曲面压缩系统流场性能则受前缘压缩角 δ_0 和压缩面增压比 π_d 直接影响,对减速速率 $\mathrm{d}Ma(x)/\mathrm{d}x$ 的斜率 C 和递减系数 D 变化不敏感。壁面减速规律分两段设计时,若采用两段线性减速规律,其流场性能受两段压缩壁面马赫数线性变化的斜率 A_1 与 A_2 耦合作用影响,对第一段压缩型面偏转角 δ_c

变化不敏感；而采用二次与线性组合减速规律时，曲面压缩系统流场性能则主要受第一段压缩型面偏转角 δ_c 的影响。从压缩面壁面和出口截面参数分布来说，壁面马赫数二次减速规律的曲面压缩系统与等熵压缩面具有很高的相似性，它们都主要利用压缩面后部对气流进行减速增压作用，壁面压力分布和马赫数分布都表现为前端变化平缓而末端变化剧烈。而采用线性减速规律的曲面压缩系统壁面马赫数匀速下降，能充分利用整个压缩面对气流进行减速作用，因而其壁面压力梯度变化比较适中，能避免末端出现比较大的压力梯度变化。壁面采用两段连续分布减速规律时，压缩面的流动特征分别接近壁面线性减速规律和二次减速规律的曲面压缩系统，只是减速规律分两段设计时更容易控制压缩程度沿流向的变化，使壁面末端的参数分布更趋平缓变化。

将不同减速规律的曲面压缩系统作为进气道的外压缩面设计高超声速弯曲激波二维进气道，采用数值模拟方法对它们进行了研究，并与相同约束条件下常规三楔压缩二维进气道、壁面 S 形压升规律的二维进气道进行了对比。结果表明，壁面线性减速规律的进气道外压缩面能够形成弯曲激波，与相同约束条件下的常规三楔压缩进气道相比，其外压缩面的长度缩短了 7%，而且壁面压升规律也得到了明显改善。均匀来流时，在 Ma=4~6 工作范围内，壁面线性减速规律的进气道性能均比较优异。特别是 Ma=4 时其流量系数达到 0.783，相比常规三楔压缩高超二维进气道提高了 13.2%，同时喉道总压恢复系数也提高了 4.5%。非均匀来流时，大量前体非均匀来流并不会对该进气道的外压缩段型面造成明显影响，并且对壁面压升规律和性能造成的影响较小。与壁面 S 形压升规律的进气道相比，壁面减速规律可控的进气道没有形成明显的弯曲激波，因此它们外压缩面的长度都相对较长。特别是，壁面采用二次减速规律时，进气道外压缩面的长度与 S 形压升规律的进气道相比增加了 29%。这样，当 Ma=4 时，S 形压升规律的进气道流量系数同比提高 7.2%。另外，壁面减速规律可控的进气道外压缩面的流场更接近等熵压缩，对气流造成的流动损失相对较少。巡航状态下 Ma=6 时，与 S 形压升规律的进气道相比，喉道总压恢复系数提高 22% 以上。

④与传统配波设计完全不同，只要给定外压缩面及内压缩面特征点的压力梯度，结合多目标优化策略，就能够得到性能优异的二元曲面压缩高超进气道的气动设计。基于此思想，本项目发展了通过指定压力分布规律来反设计整个二元进气道的方法，实现了气动参数可控的进气道内外压缩一体化设计，建立了基于 i-Sight 软件的二元曲面压缩进气道全流道整体反设计方法和自动化设计优化平台，使大规模的方案计算成为可能，并且能够通过优化算法进行进气道设计的多目标自动寻优。初步研究表明，在已经完成的采样计算方案中能够得到综合性能优秀的进气道设计方案，该方案在来流 Ma 6 时喉道总压恢复系数为 0.68，在来流 Ma 4 时流量系数达0.77。通过增加样本点、缩小设计变量空间以及使用新型代理模型等方法提高近似模型估算精度后，可以直接通过算法进行进一步优化。风洞实验与数值计算表明，所设计的进气道性能优良，这种整体反设计方法可行。

⑤建立了内收缩进气道基准流场的新设计方法，提出并建立了反正切压升规律反设计基准流场的方法。为了使气流减速增压过程更为合理并提高压缩效率，调整设计参数，设计了一种新型的"四波四区"轴对称基准流场，将马赫数分布可控的"两波三区"轴对称基准流场中较强的前缘入射弯曲激波分解为一道较弱弯曲激波和部分等熵压缩波，同时将反射激波弥散为等熵压缩波，从而构成了基准流场存在"四波四区"的结构。这种新型"四波四区"基准流场的压缩效率明显上升，设计点时其增压比增加了 9.8%，总压恢复系数提高了 8.6%，接力点的流量系数提高了 2.7%。相对基于"两波三区"基准流场设计的进气道，基于"四波四区"基准流场设计的进气道出口涡流较小且具有更高的压缩效率和流量捕获能力。新型进气道接力点的流量系数达到 0.876，提高了 5.7%，Ma_∞=6.0 和 7.0 时出

口总压恢复系数分别提高了 9.8% 和 23.6%。

在此基础之上提出了给定激波配置的马赫数分布可控轴对称基准流场的设计方法，包括"两波三区"基准流场和双弯曲入射激波的"三波四区"基准流场。给定激波配置的马赫数分布可控基准流场设计方法提高了基准流场的可控性和气动性能：一方面给定激波径向的总压恢复系数分布反设计激波可以控制基准流场的压缩效率，另一方面给定压缩面的马赫数分布反设计型面可以控制等熵压缩与激波压缩比例、附面层稳定性以及内收缩比。"两波三区"基准流场保持了较高的压缩效率，设计点的增压比为12.3，总压恢复系数为 0.962。保证双弯曲入射激波交于中心体前缘点，采用亨德森（Henderson）配波理论设计的"三波四区"基准流场压缩效率也较高，出口均匀且长度较短，设计点时增压比和总压恢复系数分别为 20.1 和 0.912。这种"双弯曲激波三波四区"的新型轴对称基准流场，为内收缩进气道的发展开辟了一种新的思路。

⑥提出了宽马赫数可控变形的弹性曲面压缩面新概念，拟通过气动变几何的设计思想使高超进气道在宽马赫数范围内控制流量系数，针对二元进气道，采用数值计算的方法，通过改变压缩面的上下压差使压缩面产生弹性变形，从而控制不同马赫数下进气道的流量系数。数值计算结果表明，底部压力腔内压力在 3000~20000Pa 的变化范围内，$Ma\ 4.5$，$Ma\ 5$，$Ma\ 5.5$，$Ma\ 6.0$ 来流条件下的流量系数变化范围分别为 0.787~0.889，0.856~0.972，0.923~1.000，1.000，这说明弹性压缩面变几何这种设计思想是可行的，并达到了在宽马赫数范围内控制流量系数的目标。同一马赫数下，压力腔内压力越大，弯曲激波离唇口越远；压力腔内压力相同时，进气道工作马赫数离设计点越远，弯曲激波也离唇口越远。采用本项目的气动调节方法，有可能将定几何的基准进气道在 $Ma\ 4.5$，$Ma\ 5$，$Ma\ 5.5$，$Ma\ 6.0$ 来流条件下的流量系数分别提高 14.2%，13.7%，7.4%，0%，出口总压恢复系数也略有提升，这说明弹性压缩面变几何的设计思想可以实现非设计点马赫数

下进气道性能的提高，为进气道提高非设计点性能提供了一种全新的方法。

⑦完成了五种典型的曲面压缩高超进气道实验研究，用给定压缩面升压规律、给定压缩面减速规律设计了五种典型的全弯曲压缩面 – 弯曲激波进气道模型（二元、轴对称、侧压、内转、密切乘波），完成了高超风洞试验，获得了风洞试验性能，证实了这种新型进气道的设计方法和良好的气动性能。

3.10　主动冷却陶瓷基复合材料及其结构研究

超燃冲压发动机是近空间高超声速飞行器关键的部件，其燃烧温度高，压力大，持续时间长，并且对构件尺寸要求严格，不能产生烧蚀，传统材料无法满足这些要求。主动冷却 C/SiC 材料具有良好的高温热学和力学性能，在高温下可满足非烧蚀要求，是最具发展潜力的超燃冲压发动机燃烧室热防护材料。本项目针对 C/SiC 主动冷却内防护材料体系筛选、材料改性、预制体结构优化、连接方式与工艺以及冷却结构的制备与仿真开展研究，旨在探索解决超燃冲压发动机的内防热问题，推动我国超燃冲压发动机的研制工作。与此同时，还进一步完善了 C/SiC 复合材料数据库，提高 C/SiC 复合材料的可设计性，研究成果可应用于火箭发动机、高温燃气发动机的设计。本项目主要得到以下结论。

①创新 C/SiC 主动冷却材料体系。通过材料改性，将 C/SiC 使用温度提高 350℃；优化预制体结构，提高 C/SiC 适用性，为主动冷却构型设计提供材料体系和约束条件。

②确定 C/SiC 钎焊的材料工艺体系。研究了 C/SiC 与金属间的钎焊，确定了钎焊层的结构和作用。在此基础之上，继续开展 C/SiC 与 C/SiC 之间的钎焊研究，创新钎焊材料组分，形成钎焊工艺体系，在 C/SiC 构型制造中获得应用。

③设计制造四种 C/SiC 主动冷却构型。在国内率先设计并制造了四种 C/SiC 主动冷却结构，包括钎焊构型、铆焊构型、复合构型和组合构型。

④针对上述四种构型，开展了实验验证和仿真研究。以实验验证了 C/SiC 主动冷却构型效果，为构型优化提供参考。

3.11 近空间高超声速飞行器自主协调控制研究

高超声速飞行器由于其本身复杂的力学特点和受力状况会产生不同类型、不同物理机制的运动耦合，所以耦合、可解耦的条件以及耦合的利用和协调就成为高超声速飞行器控制的重要挑战。近空间飞行走廊狭窄，稀薄空气必然带来舵效的降低，需采用其他作动器，为保证在如此复杂条件下实现机动飞行，还需解决异类作动器的动态分配与协调以及冗余控制输入带来的控制科学问题。针对这些问题，本项目主要开展多输入本质、异类作动器分配、控制系统的干扰抑制和控制分配等方面的研究，主要得到以下结论。

①针对现代飞行器经常使用的多作动器问题，提炼解决了多输入本质作用问题，特别是多输入系统中冗余控制问题，给出了多冗余输入使得二次性能指标严格下降的充分必要条件。对于品质指标非严格下降情形，利用哈密顿（Hamilton）矩阵特征向量与广义特征向量确定决定初始状态集的方法。在多冗余输入情况下，不确定系统保证品质问题给出了类似的结果。基于状态反馈和动态输出反馈控制器，对 H_2 最优控制问题进行了类似的研究，建立了基于线性矩阵不等式和里卡蒂（Riccati）方程的方法。验证了多输入在改善最速控制方面的作用，提出了一种迭代优化算法，即可选择输入矩阵来使多输入系统的二次性能指标下降速度更快的优化算法，并建立了多输入分配鲁棒最小二乘法。

②进一步给出了飞行器姿态控制多通道耦合模型，分析了高超声速条件下参数变化的主要特征以及模型不确定性主要来源。针对具有不确定控制效果矩阵的飞行控制系统的干扰抑制和控制分配问题，通过设计 H_2/H_∞ 反馈控制器，在保证闭环模型稳定性的同时抑制干扰噪声，使用前馈控制器来追踪参照信号，反馈和前馈控制器控制飞行姿态的三轴力矩。在控制有效性矩阵不确定的情况下，采用鲁棒最小二乘法处理三轴力矩分配给相应控制面的问题，使控制输入保持在要求的范围内。针对非结构和结构不确定性的鲁棒最小二乘控制分配问题，给出了鲁棒最小二乘控制分配和伪逆控制分配的比较。当控制效能矩阵具有非结构、结构和线性分数结构不确定性时，提出了三种鲁棒最小二乘控制分配（RLSCA）方法。仿真结果表明，利用该方法，控制效应器能够平滑地偏转，产生所需的虚拟控制力矩。RLSCA 对控制效果矩阵中的不确定性具有鲁棒性。

③针对气动力耦合、运动学交叉耦合和惯性交叉耦合的影响，分析了可解耦性，给出了鲁棒、容错、自适应、抗饱和等控制方法。针对等离子驱动器在飞行控制中的控制问题，将飞行控制与等离子体驱动器的主动流量控制结合起来。针对等离子体驱动器气动控制性能瞬时变化的有限驱动状态等实际情况，提出了等离子体驱动器的继电（bang-bang）控制方法。风洞实验验证了等离子体的流动控制效果，表明等离子体的流动控制权限是有限的。只有在失速附近的俯仰角处，流量控制效果才明显。然而，飞行控制仿真表明，采用所提出的最优控制方法，即使是较小的等离子体诱导滚转力矩也能很好地完成机动任务，满足飞行质量要求。此外，挥发性等离子体诱导的滚矩干扰可以被充分地抑制。因此，提出的 bang-bang 控制方法是一种很有前途的等离子体驱动器控制设计方法。目前和未来的工作包括风洞中的翼型飞行控制和最终飞行试验。

针对一类具有扰动和不确定性的非线性系统，提出了一种新的自适应非奇异终端滑模控制器（ANTSMC）。利用李雅普诺夫（Lyapunov）稳定性理论，证明了利用终端滑动面避免奇异性的切换控制器，实现了到达滑动阶段的有限时间收敛。在扰动和不确定性有界且边界未知的前提下，将自适应方法引入控制器设计，使所提出的自适应非奇异终端滑模控制器具有更好的鲁棒性。将该方法应用于导弹的综合制导控制设计中，针对导弹平动与转动动力学时标分离的固有特性，基于自适应非奇异终端滑模控制方法，设计了一种具有双环控制器结构的导弹部分集成制导控制系统。构造直接产生指令俯仰角速率的外环，然后设计内环跟踪外环指令。对非线性纵向导弹模型仿真结果证明了自适应非奇异终端滑模控制的有效性，与文献中的光滑二阶滑模控制方法进行比较，发现 ANTSMC 具有较好的收敛性。在此基础之上，给出了高超飞行器耦合系统协调控制方法，突破了传统一贯采用的解耦控制方法，为飞行器控制应用提供了新思路。

④针对高超声速飞行器全包线范围飞行而产生的多模型控制问题，给出了鲁棒分散控制与控制器切换抖动抑制的控制方法。基于 H_∞ 控制理论以及切换系统稳定性理论，对于多输入多输出（MIMO）多模型切换控制系统提出了一种能够有效抑制抖动和改善瞬态响应性能的鲁棒镇定控制器设计方法。通过引入比例积分（PI）控制思想，根据模型跟踪方法设计了增广状态反馈控制器，并将控制器设计问题转化为方便求解的线性矩阵不等式（LMI）。该控制器不仅能使各受控子系统满足所要求的性能指标，抑制切换过程中产生的大扰动，还具有较强的鲁棒性，能很好地适应对象参数的变化。更重要的是，利用此方法设计出的控制器能同时保证多模型切换系统的全局稳定性，仿真结果验证了此方法对多模型切换系统控制的有效性。在此基础之上，还针对美国高超声速飞行器的失败案例，对大攻角飞行的控制难度进行了深入分析，给出了更合理的鲁棒控制方法。

3.12　高超声速飞行器建模与精细姿态控制研究

高超声速飞行器的精细姿态控制，一般要求其动态误差小于±1°。但高超声速飞行器不是纯刚体，在飞行中会产生弹性振动。这些固有的振动信息被传感器测量到，并通过控制系统反馈到舵系统，影响飞行控制系统的控制精度，进而影响超燃冲压发动机的工作品质甚至影响飞行成败。因此，为实现高超声速飞行器的精细姿态控制，需要为飞行器细粒度的弹性振动建模，搭建高精度的测量传感系统，开发精细的控制算法以及精细优化的控制策略。基于此，本项目围绕高超声速飞行控制中姿态快速及高精度要求这一基础科学问题开展研究，在国内首次提出"精细姿态控制"的概念，主要得到以下结论。

①根据吸气式高超声速飞行器对飞行姿态的特殊要求，提出并逐步完善了高超声速飞行器精细姿态控制（sophisticated attitude control of supersonic flight）的概念，从单纯的姿态精度到姿态精度＋姿态角速度抑制，确立了吸气式高超声速飞行器巡航飞行中控制学科研究的主要基础科学问题。

②建立了超燃冲压发动机不同工作状态下的高超声速飞行器气动特性解析描述。分析了发动机进气道关闭、发动机进气道打开（冷气状态）、发动机点火三种工作状态下升力体构型高超声速飞行器气动特性的变化。当进气道关闭时，飞行器的阻力、抬头力矩较大；当进气道开启后，其阻力、升力以及抬头力矩均减小。对于横航向运动，其横向力、滚转力矩和偏航力矩在进气道开启后也都减小。飞行器在发动机冷气与点火两种状态下的气动特性差距较小。升力体构型飞行器在发动机三种状态下的飞行过程中都是纵向静稳定的，并且随着迎角的增大，纵向静稳定度不断减小；另外，其横向静不稳定，航向静稳定，升降舵偏角对横航向静稳定性有影响。迎角对操纵舵效率有影响，在不同舵偏角下，飞行器舵效也有不同。着眼于保证飞行器飞行姿态的控制系统设计，基于对影响升力体飞行器气动特性

的各个因素的研究结果，给出了各气动力系数、力矩系数解析表达式的拟合方法，其拟合解析结果与计算结果基本一致，为下一步控制系统的设计提供了参考依据。在此基础之上，建立了一个包括近空间大气环境、超燃冲压发动机、电动舵机，以及升力体构型的高超飞行器及其气动、结构参数的数学模型。这一模型的建模工作尚在细化中，将为吸气式高超声速飞行器飞行控制方法的研究提供一个公共、可比的研究对象。

③采用线性、非线性等手段，多方面研究了高超声速飞行器分离段的高动压分离、姿态扰动快速调节等问题，提出了满足弹道时序、精度要求的控制方法。其中高超声速飞行器级间分离时，飞行速度约为 $Ma\ 6$，动压约为 70kPa，前后体之间会有较强的气动干扰，造成飞行器出现姿态偏差。为了抑制这种气动干扰，提出了一种基于小脑模型关节控制器（CMAC）神经网络的预置舵偏设计方法。该方法利用 CMAC 神经网络的非线性映射作用，对 CMAC 神经网络结构进行改进，不以网络输出量为网络自适应学习的输入，而是以分离后的攻角为网络学习的输入，计算不同的分离干扰所需的预置舵偏值。通过仿真验证了以上预置舵偏设计方法能够有效抑制分离气动干扰对攻角和侧滑角的影响，使角度偏差由 4° 减小到 0.02°。研究了高超声速飞行器巡航段飞行的环境及其特点，给出了其巡航段飞行控制设计可以在工作点线性化并按照线性化方法研究的重要结论。

④研究了气动弹性、发动机工作振动等条件下的高超声速飞行器精细姿态控制问题，提出了满足姿态精细控制要求的方法。针对弹性振动对高超声速飞行器精细姿态控制的影响，以高超声速飞行器的纵向通道为例，分析弹性振动问题对飞行控制系统的影响，建立了面向控制的弹性高超声速飞行器数学模型；考虑气动参数和模态参数的大范围摄动，采用主动控制策略，基于鲁棒 H_∞ 理论和线性二次调节（LQR）理论设计了精细姿态控制系统。大量仿真表明在考虑测量噪声、舵机非线性、参数大范围摄动的情况下，控制系统能够很好地跟踪刚体攻角，抑制弹性攻角，并保证进

气口当地攻角 ±0.4° 的控制精度,满足高超声速飞行器精细姿态控制的要求。此外,针对高超声速飞行器特有的气动参数和结构模态参数不确定性问题,基于自适应模态抑制思想,设计了一种精细姿态控制系统,包括观测刚体模态状态信息的鲁棒 H_∞ 滤波器,提高跟踪性能的 LQR 刚体控制器,实时辨识弯曲模态频率的结构模态观测器和结构滤波器四部分。仿真表明,设计的控制系统在气动参数 ±20%,模态频率 ±30% 的随机摄动下仍能够很好地跟踪刚体攻角,抑制弹性攻角,保证超燃冲压发动机进气道 ±0.6° 的攻角控制精度,满足精细姿态控制的要求。以上工作紧紧围绕高超声速飞行控制中姿态快速及高精度要求这一基础科学问题展开,有力地支撑了我国高超声速飞行器相关研究工作。

3.13 近空间高超声速飞行器飞行姿态 / 气动力耦合机理与协调控制研究

本项目针对飞行姿态 / 气动力耦合机理、建模表征方法以及控制方法开展研究,主要得到以下结论。

①分析了飞行姿态与气动力耦合机理。在深入研究临近空间飞行环境、高超声速飞行器典型的特殊飞行模式、可能的飞行包线的基础上,得到了飞行姿态与气动力相互耦合和相互影响的具体表征,把高超声速飞行器飞行姿态与气动力耦合问题看作复杂快变系统的状态与参数的耦合问题。

②研究了飞行姿态 / 气动力耦合建模方法。提出了两种耦合描述方法和建模思路:把动态方程中参数与状态的相互耦合归结为附加耦合项加到模型中,并基于严参数反馈理论,把参数变化项从附加耦合项中剥离出来;在掌握状态影响参数的近似规律前提下,提出了状态 / 参数扩维的耦合描述方法,在一般的非线性系统中联立参数随状态变化的表达式与系统动态

方程，推导得到状态/参数扩维动态系统。在状态/参数扩维思路的基础上，分析了近空间高超声速飞行器飞行姿态/气动力耦合特性。基于状态/参数扩维思想得到了近空间飞行器各个通道快慢回路的耦合矩阵表达形式，并结合典型轨迹进行了耦合特性分析。

③基于参数附加耦合项的思路，提出了以下控制方法。（a）基于不变流形参数估计的自适应控制器方法。该方法可应用于近空间高超声速飞行器仿真。针对不变流形参数估计方法要求状态量和参数耦合项一一对应的不足，提出了基于李雅普诺夫函数的参数估计方法和自适应控制律，不再受参数耦合项数量的限制，适合于解决近空间飞行纵向姿态控制问题。针对含有不确定性气动参数的吸气式高超声速飞行器动力学模型，设计自适应反步法（adaptive backstepping）控制器，用来补偿模型中的不匹配性和不确定性，以保证飞行器跟踪理想的高度、速度、攻角、机体角和俯仰角速率的变化轨迹。利用基于李雅普诺夫的稳定性分析以保证控制器状态的渐进稳定性。基于 MATLAB 的数值仿真结果可证明本项目设计的控制器的有效性。（b）基于模糊 – 神经网络观测器的动态逆控制方法。该方法可用于解决状态与参数严重耦合情况下的输出跟踪控制问题。该观测器较好地估计了参数附加耦合项，与动态逆方法结合设计的控制器消除了状态/参数耦合为系统带来的影响。为了适应输出并非全状态的情况，针对更为一般的 MIMO 系统解耦控制问题，提出了基于模糊神经网络观测器的控制方法。其中，针对可重复使用运载火箭（RLV）再入段飞行参数不确定性大和外界干扰的问题，提出基于 B 样条模糊神经网络扰动观测器的 RLV 动态逆控制方法。非线性动态逆控制器面向标称系统设计，保证控制性能。把参数不确定性和外扰看成系统的总扰动，设计 B 样条模糊神经网络扰动观测器进行估计，构造补偿控制信号加入系统。通过引入气动参数偏差和干扰力矩对所设计的控制方法进行仿真，并与传统动态逆方法的控制器进行对比，结果表明所提出的 RLV 姿态控制方法对参数不确定性和外

扰具有较强的鲁棒性，弥补了动态逆方法要求模型精确这一不足。（c）基于非线性扩张状态观测器（NESO）的解耦控制方法。该方法可用于解决高超声速飞行器姿态控制问题。根据分散控制的思想，把耦合动态和不确定性归结为广义不确定项，然后采用 NESO 方法给出估计值，并作为补偿信号加入分散控制律。理论推导证明了该方法可以保证闭环系统跟踪误差一致有界。在高超声速滑翔飞行器模型上的仿真验证并与传统的分通道反馈控制方法进行对比，表明这一解耦控制方法的控制效果更好，在较大程度上消除了通道耦合和不确定性的影响。

④基于状态/参数扩维的思路，提出了以下控制方法。（a）基于观测器的鲁棒控制方法。通过把参数扩张为新的系统状态，得到了扩维之后的动态方程，实现了状态/参数耦合和系统扰动项的分离，构造反馈控制以消除耦合带来的影响，针对系统扰动项给出了满足 H_∞ 性能的线性矩阵不等式，用于确定控制器反馈增益和观测器增益。该方法已成功应用于近空间飞行器姿态控制器设计问题中，用于解决飞行姿态/气动力耦合问题。（b）基于状态/参数扩维的滑模控制方法。利用了滑模变结构控制特有的滑模运动，能有效减少对精确数学模型的依赖，在系统参数不确定或者存在外部扰动的情况下，依然可以保证观测器的性能。采用滑模控制方法，基于李雅普诺夫原理，证明了在滑模观测器和滑模控制律作用下的闭环系统稳定性。该方法可用于近空间高超声速飞行器姿态控制问题。其中，针对 RLV 再入姿态控制问题，将滑模控制和非线性动态逆技术的鲁棒控制器相结合，为提高非线性动态逆控制器的鲁棒性，将滑模项引入非线性动态逆控制器，并针对标称系统的高性能进行了设计。为了选择合适的滑模项大小，保证系统的鲁棒性，避免不必要的大抖振，建立了基于非线性扩展状态观测器的非线性估计器，以估计标称系统与非线性对象之间的干扰，利用扰动估计在线调整滑模项的大小并分析了整个系统的稳定性。此外，通过 RLV 仿真实例验证了该控制器的可行性和有效性。

3.14 高超声速气动伺服弹性理论与试验研究、高超声速飞行器颤振抑制与试验研究

高超声速飞行器气动伺服弹性分析与设计技术是气动弹性领域的一个重要的研究方向，本项目深入研究了高超声速飞行器气动弹性的关键基础问题，对气动弹性学科发展的理论水平和试验手段方面提供了新的手段和思路，通过对舵系统的深入建模和试验研究，形成了气动弹性研究新的研究方向，充分体现了气动弹性力学的交叉学科特点，推动了气动弹性力学的发展。本项目主要得到以下结论。

①建立了系统完整的适用于高超声速飞行器的结构动力学和气动力以及气动伺服弹性分析方法，发展了鲁棒气动伺服弹性分析方法。该方法可以考虑高超声速飞行器结构质量、刚度、舵机特性，控制增益，以及热环境等的摄动，分析结构更具有实用意义。

②提出并发展了舵机 – 舵面耦合系统气动弹性特性的稳定性和响应分析方法，发展了舵系统颤振的被动抑制方法，提出了舵面和舵系统的颤振抑制方案。对于由结构、气动及飞行控制系统耦合引发的伺服颤振问题，考虑到飞行器在飞行过程中结构模态特性变化的特点，提出了基于希尔伯特 – 黄变换（HHT）在线辨识的自适应结构滤波的主动控制方案。建立了针对高超声速整机颤振抑制的主动控制律设计方法，能够有效提高颤振边界。

③提出了二元翼段颤振地面仿真试验和气动伺服弹性地面仿真试验。针对仿真试验中分布式气动力的减缩加载的难题，建立了采用有限个激励点处施加集中力代表分布式非定常气动力的气动力模拟方法，并对亚声速及超声速状态下不同构型翼面模型进行时域颤振分析。当激励点 / 拾振点数目为 4 时，时域颤振结果与频域理论颤振结果误差可控制在 3% 以内，二者基本一致，这验证了建模方法的通用性和可行性。提出了以颤振关键模态的振型为目标来寻找非定常气动力减缩加载点的方法。通过对不同构

型翼面模型的遗传优化，均找到了实现气动力减缩的激励点/拾振点的最优位置，气动力减缩加载仍能得到与理论基本相符的颤振特性，验证了目标和方法的有效性。该方法不仅可满足气动力减缩的需要，也可用于模态试验等其他对传感器/激振器数目和位置有较高要求的场合。本项目提出的非定常气动力模拟方法，有效性高，通用性强，可作为颤振地面模拟试验可靠的理论基础。克服了多激振器协调控制的关键难题，发展了舵系统颤振和气动伺服弹性的地面半实物仿真试验方法。通过风洞试验，验证了舵系统地面仿真试验的精度和理论模型的计算精度。舵系统颤振地面仿真试验方法精度较高、节省成本和时间，是一种新型的高超声速飞行器气动弹性试验方法。

3.15 高超声速飞行器的非线性耦合动力学与热弹性颤振控制（培育项目）、高超声速流中壁板的热弹性气动颤振及其主动控制（延续项目）

壁板颤振是指壁板暴露在超声速气流中，在惯性力、弹性力和流经壁板表面气流引发的气动力耦合作用下产生的一种自激振动现象。壁板颤振将引发壁板的大幅度横向振动，可能导致飞行器结构的疲劳失效。飞行过程中，由于气动热效应引发的壁板温度升高，将在壁板面内产生热应力和力矩，降低壁板的弯曲刚度。另外，飞行器引擎和超声速气流产生的气动噪声对壁板的疲劳寿命也会带来很大危害。为减小壁板颤振对飞行器结构带来的危害，通常研究者们采用不同的主、被动控制方法提高壁板的临界颤振动压或降低颤振时壁板的振动幅值。本项目从高超声速流中机翼或壁板的颤振规律、壁板颤振抑制的被动控制方法以及动态吸振器对复合材料壁板颤振抑制作用等方面开展研究，主要得到以下结论。

①针对高超声速流中机翼或壁板，获得了高超声速流中壁板的非线性气动颤振规律以及临界颤振动压。主要基于基尔霍夫（Kirchhoff）和冯卡门（von Karman）大变形理论，采用三阶活塞理论模拟壁板表面所受的非线性气动力，根据哈密顿原理建立了超声速流中壁板的非线性颤振模型。以双正弦函数构造四边简支壁板的前四阶模态函数，采用伽辽金（Galerkin）离散法将所推导的非线性偏微分方程组转化为常微分方程组，最后采用龙格－库塔（Runge-Kutta）法对降阶后的常微分方程组进行了数值模拟。通过分析所得常微分方程组线性化系统系数矩阵的特征值，给出了壁板的临界颤振动压，并从非线性动力学的角度解释了壁板颤振中出现的频率重合现象。揭示了气动阻尼对壁板临界颤振动压和颤振频率的影响规律，气动阻尼在颤振初期能起到稳定系统的作用，通过特征值实部分析得出的无量纲动压与频率重合时得出的无量纲动压之间相差 2.7%，同时还会对壁板颤振极限环幅值和振动频率产生极大影响。经过对有无线性气动阻尼时矩阵 A 的特征值进行对比分析，发现将 μ 由负变正时对应的无量纲动压定义为系统的临界颤振动压，比采用频率重合时对应的无量纲动压更为合理。

针对声热联合激励下壁板的颤振特性问题，在壁板的几何关系中引入热应变，采用有限带宽的零均值高斯白噪声模拟壁板表面所受的噪声激励，用哈密顿原理建立了声热联合激励下壁板的运动微分方程。分别研究了铺设角、温度和声压级分贝数对壁板颤振的影响，对声热联合作用下壁板的动力学响应进行了数值模拟，获得了声热联合作用下复合材料壁板的气动颤振规律。结果表明，壁板的临界颤振动压随铺设角的增大而快速减小；温度升高会降低壁板的临界颤振动压，增大壁板的颤振极限环幅值；当温度升高量未达到壁板的临界屈曲温度时，壁板的颤振特性不会发生改变，而在温度升高量超过壁板的临界屈曲温度后，壁板将会出现倍周期运动和混沌运动；温度升高后，噪声激励的影响将逐渐减弱，导致声热联合激励下壁板的横向振动幅值弱于噪声单独激励时的幅值；当声压较低时，壁板横向振动特性受温度变化影响较大，而当声压较高时，则必须同时考虑噪声激励引起的壁板的随机振动。

②提出了两种复合材料壁板颤振抑制的被动控制方法，对于壁板背风面安装了加强筋的被动控制方法，建立了一种分析加肋壁板颤振的新方法。摒弃了传统的有限元方法，首先基于两个合理假设，将加肋壁板等价为一个壁板子系统和一个肋条子系统，将壁板子系统和肋条子系统之间的作用力简化为一对沿 y 方向均匀分布的作用力和反作用力。然后分别采用哈密顿原理和欧拉-伯努利（Euler-Bernoulli）梁理论建立了壁板子系统和肋条子系统的运动偏微分方程。根据变形协调关系，将壁板子系统的模态函数代入肋条子系统的运动偏微分方程中，导出了两个子系统间相互作用力的表达式，并将该表达式代入壁板子系统的模型中，得到了壁板子系统的运动偏微分方程组。随后通过伽辽金离散法将壁板子系统的运动偏微分方程组离散为常微分方程组，最终，基于伽辽金离散法，建立了一种分析加肋壁板颤振的新方法。采用龙格-库塔法对所得常微分方程组进行了数值模拟，结果表明，在壁板背风面铺设平行于流向方向的加强肋条可提高壁板的临界颤振动压，降低极限环颤振的幅值；当附加质量相同时，厚度较大的肋条在提高壁板临界颤振速度和降低颤振极限环幅值方面优于宽度较大的肋条。最佳的加肋方案是在壁板背风面中间位置铺设一根在附加质量允许情况下尽可能厚的肋条。当铺设位置受到空间限制时，则应将肋条铺设在尽可能靠近壁板中间的位置。

对于动态吸振器的被动抑制方法，建立了超声速流中带动态吸振器复合材料壁板的颤振模型。通过将动态吸振器安装在壁板背风面，分析动态吸振器对壁板临界颤振动压和颤振极限环幅值的影响。为考虑动态吸振器与壁板间的耦合效应，将动态吸振器与壁板间的相互作用力描述成动态吸振器与壁板相对位移和相对速度的函数，采用哈密顿原理和牛顿第二定理分别建立了壁板和动态吸振器的运动微分方程，并根据动态吸振器与壁板间的作用力关系，最终建立了动态吸振器——壁板耦合系统的运动微分方程组。采用伽辽金离散法对系统的偏微分运动方程组进行离散，并采用四阶龙格－库塔法对系统进行了数值模拟。由于建模时同时考虑了动态吸振器与壁板间的相互影响，动态吸振器参数的改变将会引起壁板－动态吸振器组合系统的固有频率，避免了动态吸振器仅在单个频率上起到振动抑制作用的现象。数值计算结果表明：动态吸振器的引入可以在很大参数空间范围内提高壁板的临界颤振动压，同时能降低颤振极限环幅值。在研究动态吸振器参数对壁板颤振抑制效果的影响时发现，动态吸振器的颤振抑制原理是提高系统的颤振重合频率。当所选择的动态吸振器质量参数引起壁板高阶频率重合时，动态吸振器能同时起到提高壁板临界颤振动压和抑制颤振极限环幅值的作用；而当所选择的动态吸振器质量参数引起壁板低阶频率重合时，动态吸振器可能会出现抑制失效；动态吸振器的颤振抑制作用随其刚度系数的增大而减小，随阻尼系数的增大而增大；将动态吸振器安装在靠近壁板中间位置处，能较好地起到抑制壁板颤振振幅的作用，而当将动态吸振器安装在靠近壁板边界位置处时，壁板可能会出现混沌现象。动态吸振器参数的改变将引起系统颤振重合频率在低阶固有频率和高阶固有频率将出现跳跃现象。利用颤振重合频率的跳跃性质对动态吸振器安装位置进行优化设计的计算结果表明，在取得最大颤振频率时，壁板的临界颤振动压提高了 51.7%，同时在很大的无量纲动压范围内均能取得很大的颤振幅值抑制作用。壁板只有在无量纲动压达到近 2 倍于临界颤振动时，才会出现倍周期分岔和混沌等复杂动力学现象。

③利用压电作动器和形状记忆合金建立了复合材料壁板颤振的主动抑制方法，对于形状记忆合金进行主动抑制，建模过程中摒弃了以往的有限元方法，采用一维布林森（Brinson）力学模型描述形状记忆合金产生的回复力。铺设形状记忆合金壁板的运动偏微分方程组由哈密顿原理建立，随后通过伽辽金离散法得到系统运动的常微分方程组，建立了一种分析铺设

形状记忆合金壁板颤振的新方法。采用非线性理论分析了系统的稳定性区域和热颤振边界。数值分析形状记忆合金的铺设角度、铺设位置、份数、预应变和温度对壁板热屈曲与颤振抑制效果的影响表明，在复合材料层合板的单层板中铺设形状记忆合金可以提高壁板的临界颤振动压，形状记忆合金的最佳铺设角度是沿着气流来流方向，在外层单层板中铺设形状记忆合金对复合材料壁板的颤振稳定性边界影响更大；加热形状记忆合金、增加其份数和预应变可以提高壁板的临界颤振动压和临界热屈曲温度，并且可以降低极限环颤振幅值以及热屈曲变形幅值。

对于压电作动器的主动抑制方法，利用压电材料的正压电效应和逆压电效应，将其作为传感器和作动器对壁板实施主动振动控制，采用应力函数法建立了在背风面铺设压电片和压电薄膜的三维微弯壁板的动力学方程，其中考虑了热应力、预加载荷、几何非线性等因素。以超音速工况下壁板为例，采用巴勃诺夫 – 伽辽金（Bubnov-Galerkin）方法离散得到常微分方程，提出了 LQR 控制律，对比有控制和无控制情况下不同微弯高度下三维壁板的动力学响应，验证了控制的有效性。

设计了 LQR 与立方非线性反馈相结合的复合控制策略，有效提高了系统的颤振失稳速度和非线性颤振失稳边界，降低了颤振失稳后极限环振动的幅值。基于 LQR 主动控制策略，采用不同的气流速度作为参考值，提出了递进式 LQR 控制策略，在较小的成本条件下，大幅提高了系统的颤振临界速度。针对壁板颤振提出的复合控制策略和递进式 LQR 控制策略，也适用于亚声速流中机翼颤振临界速度的提高与颤振抑制以及高速列车蛇形运动临界速度的提高和相应蛇形运动的抑制，这对相关的科学研究将会有很大的推动作用。

3.16　高温环境下热防护涂层力学性能测试及失效机理研究

　　高温复杂环境下获取高质量图像 / 影像是在线可视化测量的前提，继而基于图像处理方法测量物体的形貌、变形、温度等。高温地面考核试验中，存在高温光辐射、气流扰动、空气折射率变化和气动光学效应等严重影响图像获取的因素。另外，高温下物体表面发生氧化烧蚀，表面形貌发生变化，基于传统标记点或数字图像相关技术的变形测量方法不再适用。此外，大量热防护结构 / 材料的高温考核试验表明，力学 - 化学交互耦合是高温氧化及失效中最突出的特点之一，但目前缺少高温氧化的应力 - 扩散耦合模型。氧化膜生长及其失效演化的内在机制，依赖于薄膜 / 基体结构的形貌与应力测量，然而高温下空气折射率变化严重影响了基于激光干涉的传统薄膜 / 基体测量方法。针对高温环境下在线测试与失效机理存在的问题，本项目发展了高温光学并自主研制高温实验科学仪器，实现热防护系统地面考核的结构级可视化测量。发展了高温环境下基于激光干涉和高温纳米压痕仪的材料微纳米尺度氧化 - 应力耦合实验方法及在线观测手段，建立了高温氧化 - 应力 - 化学耦合模型，解释了微观失效机制。将宏微观可视化测量技术相结合，实现了对材料及结构的性能测试及失效机理研究的系统表征。本项目主要得到以下结论。

　　①发展了高温光学并自主研制了高温实验科学仪器，实现了热防护系统地面考核的可视化测量。对于高温光辐射的问题，发展了采取滤波和光补偿的方法，采用可自动控制的带通 / 低通滤波削减辐射光强度，并用相应波段的激光阵列或 LED（发光二极管）阵列进行光强自适应补偿，获取高温环境下的清晰图像。将此滤波与补偿方法与不同相机 [CCD（电荷耦合器件）、高速相机等] 结合，可实现高温环境下动静态图像与影像。利用该方法在线获取大气环境下高温三点弯曲试样（高温合金、C/SiC）表面演化过程，可实时捕捉试样的裂纹扩展过程，提供材料高温断裂的全过

程，为研究材料的高温断裂行为提供了关键数据，还可用于低压、氮气环境下材料高温非氧化过程的研究。

针对高温环境下试件氧化烧蚀导致表面形貌发生变化，以高温结构材料表面自然纹理作为特征对象，以具有仿射不变性的仿射尺度不变特征变换（ASIFT）算子作为检测图像特征算子，对变形前后进行匹配，从而获取全场位移和应变。该方法具有区域的尺度、旋转和仿射不变性，尤其适用于地面考核的复杂工况。此外，将这一方法与粒子追踪法结合，可用于烧蚀流动性测量；与高速相机结合，可用于热震过程的动态测量。

②发展了基于激光干涉的高温氧化实验方法，建立了高温氧化的力学 – 化学耦合模型，实现了高温环境下激光干涉方法测量氧化薄膜形貌与应力。针对氧化薄膜生长和应力演化，发展了高温环境下激光剪切干涉方法测量薄膜形貌及应力。利用这一方法，可获得考虑温度效应的干涉图相位与样品形貌间关系、高温下薄膜/衬底系统的曲率，并通过推广斯托尼（Stoney）公式计算薄膜的非均匀应力。这种光学技术的特点是全场非均匀曲率测量和振动不敏感。通过测量 Si 片生长的 SiO_2 薄膜，验证了这一方法的可靠性，同时可扩展到更高的温度，为薄膜应力和高温测量提供了途径。建立了考虑高温环境下空气折射率变化的光干涉模型，并进一步提出了一种提高精度的全场、实时、振动不敏感的多波长剪切干涉方法。理论上，用于剪切干涉仪的波长数量越多，测量斜率、曲率和反射表面形状的精度就越高。使用具有指定曲率半径的球面反射镜对该方法进行标定，并通过实验获得 TiNi 薄膜 /Si 衬底系统的非均匀变形和形状，证明了该方法的有效性。为消除空气对流影响便于实际应用，将剪切干涉方法数字化并提出空气折射率变化引起畸变的补偿方法。这些高温剪切干涉方法已成为薄膜 / 基体系统全场高温应力测试的主要方法之一。

③建立了高温氧化的力学 – 化学耦合模型。基于实验现象和实验数据，考虑金属的高温蠕变特性，发展了金属材料的应力 – 氧化交互耦合演化模

型，捕捉到了氧化过程中的应力松弛现象。发现在氧化初始阶段氧化膜应力在数值上急剧增加，随着氧化时间的延长，该应力数值缓慢减小，且氧化膜应力的最大值发生在氧化初始阶段。该理论与实验测量结果符合很好。针对陶瓷材料，基于氧化微观机制引入受应力调控的扩散系数，基于平衡关系和考虑应力效应的扩散方程，建立了应力－扩散耦合效应的氧化动力学和应力演化分析模型。由于生长应变，氧化过程中会产生应力。应力反过来会改变化学机械电位梯度和扩散系数，从而改变扩散过程和氧化速率，其中压应力抑制氧气扩散，在短时间内会降低氧化速率，而应力梯度会在长时间内加速氧化，拉应力会促进氧气扩散，利用这一理论可成功解释氧化膜生长的抛物线趋势以及氧化应力的涨落与释放机制。利用该模型对 SiC 的氧化演化过程进行预测，与实验结果较好吻合，进一步说明了本模型的有效性。

3.17　超高温陶瓷基复合材料设计制备和烧蚀机理

面对高超音速飞行器鼻锥、机翼前缘以及固体火箭发动机日益恶化的工作环境，现有的耐高温材料，如难熔金属、石墨材料、C/C 复合材料等，均已无法满足应用要求。连续纤维增强耐超高温陶瓷基复合材料因具有韧性好、抗热震性好、抗烧蚀性能优异等特点，成为制备高超音速飞行器鼻锥、机翼前缘和固体火箭发动机喷管喉衬的最有前途的候选材料之一。

在连续纤维增强耐超高温陶瓷基复合材料的众多制备工艺中，先驱体浸渍裂解（PIP）工艺制备温度低，可以实现大型复杂形状构件的近净成型，而熔融浸渗反应（RMI）工艺具有成本低、周期短以及可近净成型的优点。但 PIP 工艺目前还缺乏特别合适的耐超高温陶瓷先驱体，国内外关于 PIP 法制备连续纤维增强耐超高温复合材料的相关研究也很少见诸报道；国外对 RMI 工艺制备耐超高温复合材料复合材料开展了部分研究，但材料体系、工艺优化和机理等研究工作有待进一步深入。而且，对于已制备超高温复合材料的高温性能、抗烧蚀氧化行为及机理也需要进行研究和探讨。

本项目主要研究了系列的碳纤维增韧的超高温陶瓷基复合材料的 PIP 工艺和 RMI 工艺制备、超高温陶瓷复相涂层制备、超高温陶瓷基复合材料的抗烧蚀性能和烧蚀机理以及端头帽缩比件研制，主要得到以下结论。

①采用 PIP 工艺和高温熔渗工艺制备了系列的碳纤维增韧的超高温陶瓷基复合材料（如 C/SiC-ZrC，C/SiC-ZrB$_2$，C/C-ZrC，C/C-ZrB$_2$，C/SiC-ZrC-ZrB$_2$，C/ZrC 等），通过优化纤维表面涂层、组分、工艺参数等，获得了力学、热物理等综合性能良好的超高温陶瓷基复合材料，大幅度扩展了超高温陶瓷基的范畴。首先，采用混合反应法制备了 TiC、ZrC、ZrB$_2$ 等耐超高温陶瓷先驱体，并研究了交联、裂解机理。其中，TiC 先驱体和醇基 ZrC 先驱体具有较好的交联、裂解特性，能够满足 PIP 工艺使用要求。然后，采用 PIP 工艺制备了 C/ZrC 复合材料。为了提高复合材料的致密化效率和材料性能，确定了以低温无机化、高温热处理进行碳热还原的工艺。优化的工艺参数如下：150℃交联、700℃无机化、1600℃热处理、20 个 PIP 致密化周期，制备的 C/ZrC 复合材料弯曲强度为 253.6MPa，模量为 42.3GPa，断裂韧性为 14.54MPa·m$^{1/2}$。氧乙炔焰烧蚀 300s 后，质量烧蚀率为 0.0059g/s，线烧蚀率为 0.0040mm/s。其次，对 PIP 工艺制备 C/ZrC 复合材料的界面进行了优化，改善复合材料的力学性能和抗烧蚀性能。其中，PIP-SiC 界面层的 SiC$_{PIP2}$-C/ZrC 复合材料综合性能最优，其弯曲强度、模量和断裂韧性分别为 319.2MPa、46.3GPa 和 18.81MPa·m$^{1/2}$，氧乙炔焰质量烧蚀率和线烧蚀率分别为 0.0098g/s 和 0.0089mm/s。再次，制备 C/ZrC-SiC 复相陶瓷基复合材料提高了耐超高温复合材料的抗氧化性能。C/ZrC-SiC 复合材料的弯曲强度为 322.0MPa，模量为 48.3GPa，断裂韧性为 11.55 MPa·m$^{1/2}$，1200℃静态抗氧化性能远高于 C/ZrC 复合材料。氧乙炔焰质量烧蚀率和线

烧蚀率分别为 0.0089g/s 和 0.0136mm/s。电弧风洞质量烧蚀率和线烧蚀率分别为 0.0181g/s 和 0.0037mm/s。最后，研究和优化了 RMI 工艺制备 C/ZrC 复合材料的工艺参数，确定了反应温度为 2000℃，反应时间为 30min，反应压力为真空的优化工艺条件；确定了 CVI 工艺制备密度约为 1.40 g/cm³ 的 C/C 基材是较好的原料；C/ZrC 复合材料 1600℃处理后的复合材料综合性能最优，弯曲强度和模量提高到 192MPa 和 17.7GPa，质量烧蚀率和线烧蚀率降低到 0.0040g/s 和 0.0017mm/s。

②采用泥浆高压浸渍法和高温反应法，制备了梯度组成的超高温陶瓷复相涂层，涂层和基底的结合良好，抗烧蚀性能优异。首先，采用泥浆高压浸渍含有超高温陶瓷粉的先驱体泥浆，经过数次裂解后获得梯度的超高温涂层；然后，以锆粉、硼粉和酚醛树脂等为原料，通过泥浆涂刷后高温烧结的方法在 C/SiC 复合材料表面制备了 ZrB_2、ZrC 等涂层，研究了涂层的烧结反应过程，并对其组成、结构和抗烧蚀性能进行了表征。其中，1600℃制备的涂层由 ZrB_2、少量的 ZrC 及 ZrO_2 组成。氧乙炔焰烧蚀 60s 后，由于 ZrB_2 氧化形成了 ZrO_2 熔融层，涂层后的复合材料线烧蚀率几乎为零。

③采用氧乙炔焰、等离子电弧、电弧风洞等方法，考核了超高温陶瓷基复合材料的抗烧蚀性能，获得了氧化环境中烧蚀性能优异的超高温陶瓷基复合材料（线烧蚀率低达 $2.7×10^{-4}$mm/s）。分别研究了 C/ZrB_2-SiC、C/ZrC-SiC、C/TaC-SiC 三种超高温陶瓷基材料在氧乙炔焰、等离子电弧、电弧风洞的抗烧蚀性能。复合材料中超高温陶瓷（UHTC）在抗烧蚀性能上起到重要作用，以上三种复合材料的抗烧蚀性能均优于 C/SiC。在氧乙炔考核环境中，试样表面温度约为 2200℃，C/ZrB_2-SiC 的质量烧蚀率和线烧蚀率分别为 0.0062g/s 和 0.0052mm/s，C/ZrC-SiC 的质量烧蚀率和线烧蚀率分别为 0.0104g/s 和 0.0111mm/s，C/TaC-SiC 的质量烧蚀率和线烧蚀率分别为 0.0134g/s 和 0.0187mm/s。

④比较分析了不同烧蚀考核环境中超高温陶瓷基复合材料烧蚀机理，建立了氧乙炔焰环境中的烧蚀模型；阐明了不同热流密度下的电弧风洞烧

蚀动态演变过程，确定了超高温陶瓷基复合材料组分与耐烧蚀温度之间的关系。

探讨了 C/ZrB$_2$-SiC、C/ZrC-SiC 和 C/TaC-SiC 的氧乙炔焰烧蚀机理，发现在氧乙炔焰中，试样的烧蚀主要为热化学烧蚀和热物理烧蚀，伴有机械剥蚀。C/ZrB$_2$-SiC 表面在 2200℃左右形成的氧化熔融层黏度较高，能抵抗气流的冲刷并阻止氧向材料内部扩散，材料表现出较好的抗烧蚀性能；而 C/ZrC-SiC 无法形成黏稠的熔融层，不利于阻隔氧向材料内部扩散；TaC 氧化产物 Ta$_2$O$_5$ 的熔点只有 1870℃左右，无法在烧蚀表面形成比较黏稠的熔融层，不能为材料内部结构提供阻氧保护作用。研究了电弧风洞考核环境下耐超高温陶瓷基复合材料的烧蚀机理。在电弧风洞中，热物理烧蚀、气流冲刷和机械剥蚀决定了复合材料的抗烧蚀性能。ZrB$_2$ 熔点只有 3040℃，而 ZrC 和 TaC 的熔点分别高达 3530℃和 3880℃，在材料表面温度为 2800℃的情况下，ZrB$_2$、ZrC、TaC 基体的抗剥蚀能力依次增强。

建立了 C/ZrC-SiC 复合材料氧乙炔焰烧蚀模型。复合材料的烧蚀面从内至外依次为中心熔融区、SiO$_2$ 耗尽区、SiO$_2$ 富集区。沿厚度方向，C/ZrC-SiC 复合材料可分为熔融泥浆层、颗粒状 SiO$_2$ 耗尽层、熔融 SiO$_2$ 富集层和未烧蚀复合材料层。其中 SiO$_2$ 富集层连续而致密，为 C/ZrC-SiC 复合材料提供抗烧蚀保护。

⑤基于本项目的研究结果，研制的端头帽缩比件和尖锐前缘通过了地面的电弧风洞考核，具备低烧蚀、抗氧化、抗冲刷、抗热震等突出优点。

3.18　热冲击条件下超高温陶瓷 ZrB$_2$-SiC 的强韧化机制研究

陶瓷基防热材料是高超声速飞行器关键热端部件的主要候选材料之一，但陶瓷的本征脆性是其工程应用的关键问题。针对陶瓷基防热材料面临的强韧化问题，本项目针对热冲击条件下超高温陶瓷 ZrB_2-SiC 的强韧化机制，主要开展超高温陶瓷材料热震失效机制、热冲击行为、裂纹扩展机理研究，主要得到以下结论。

①国际上首次提出了通过仿生设计陶瓷表面结构增强陶瓷抗热震阻力的新概念和新方法。利用等离子刻蚀技术和酸腐蚀方法，在陶瓷表面成功引入了仿蜻蜓翼膜表面的超疏水纳米结构，有效扩大了材料的实际表面积，使陶瓷表面的水接触角提高 50° 以上，成为超疏水表面。水淬热震实验结果表明，传统陶瓷在 400℃ 淬火后剩余强度会出现断崖式的衰减，而超疏水纳米结构热振后的剩余强度未出现明显衰减。这是由于在陶瓷热震过程中，仿生处理后的陶瓷表面能够自动地覆盖一层空气膜，这层空气膜使陶瓷表面热阻增加了近万倍，使得出现在陶瓷与热震介质间剧烈的温差所产生的热梯度和由此产生的热应力只能作用在陶瓷表面的超疏水纳米结构上，而不能直接作用于陶瓷的实际部位。这有效克服了陶瓷热震失效，使得陶瓷材料获得高抗热震性。

②通过对 Al_2O_3 陶瓷板和组合板进行水淬热震实验，揭示了组合陶瓷结构与实际整体陶瓷结构热震中的裂纹分布，揭示了裂纹扩展的机理。实验中以升温速率 10°/s 加热至目标温度后保温 20 分钟，随后落入 20℃ 恒温水浴中。为直观呈现宏观裂纹的分布情况，试样干燥 12 小时后用蓝色燃料浸渍，进而获取两种陶瓷结构在淬火过程中产生的裂纹形态，结果表明，两种结构的裂纹形态存在明显差异，主要原因包括表面裂纹的尺寸效应和内部裂纹的边界效应。因此，组合陶瓷板的结构并不能表征整体陶瓷板的裂纹形态。

③推导了表征陶瓷热冲击敏感性与破坏过程的毕奥（Biot）数，分析了毕奥数与陶瓷热冲击性能的关系。对于球形陶瓷，毕奥数被用来描述几何和传热特性，傅里叶（Fourier）数（即无量纲时间）被用来表示热冲击过程中温度波传播和热应力的持续时间。通过研究球形陶瓷在热冲击过程

中的毕奥数和傅里叶数之间的关系，得到了一个临界毕奥数，该临界毕奥数有效地决定了球形陶瓷对淬火的敏感性，同时证明了临界毕奥数对应的傅里叶数可以用来确定陶瓷在热冲击下的温度波传播时间和热应力。对于圆柱体陶瓷，当毕奥数大于临界值时，陶瓷圆柱体的热震破坏是一个快速过程，只发生在初始导热状态，应力持续时间和几何特征对陶瓷材料在热震作用下的破坏起着重要作用，而陶瓷球在热传导过程中的热冲击失效是不确定的。这一结果可以为热结构工程中陶瓷材料的选择特别是热冲击的选择提供指导。

④通过对热冲击后陶瓷材料沿厚度方向逐层进行微观组织分析，并结合和统计测量陶瓷内部产生的裂纹密度和深度，揭示了决定陶瓷热冲击后残余强度的物理机制。分析表明，陶瓷材料热震后残余强度行为的稳定趋势是由最大裂纹深度的不变性引起的，而裂纹密度对残余强度的影响较小。因此，控制残余强度的关键因素是裂纹的最大深度，而不是陶瓷中裂纹的密度。接近热冲击临界温差时，残余强度波动较大则是最深裂纹的位置具有更多随机性造成的。

3.19　面向近空间飞行器多功能超轻质结构设计优化理论

对于面向近空间飞行器所需的多功能超轻质而机构，考虑由结构化多孔材料（如点阵材料、蜂窝材料、格栅材料等）构成的结构精细化建模，由于材料微结构与宏观结构尺度相差悬殊，直接按最小尺度的结构进行分析，工作量是不可想象的；而对于此类结构的优化设计，往往可能含有上万数量级的设计变量，简单的"暴力"求解必将导致在资源有限的情况下下相应的材料/结构多尺度优化问题不可计算（计算复杂度不可承受）。因此，需要进行结构和材料一体化设计以及层级结构设计优化。此外，由于航天器多是薄壳结构，为满足结构的强度和可靠性要求，连接区域必须布置特定的结构件用以分散所需传递的集中载荷，这种集中力扩散的效果直接影响结构强度失效行为和可靠性。需要对结构进行拓扑优化，建立集中力扩散结构优化设计模型。本项目针对超轻质结构层级优化设计、典型点阵圆柱壳体制备与力学性能分析以及考虑集中力扩散结构的拓扑优化问题开展研究，主要得到以下结论。

①发展了结构和材料一体化设计以及层级结构设计优化理论，针对由超轻多孔材料构成的结构，基于渐进均匀化理论实现材料/结构两个几何尺度的耦合，提出、深化并拓展了材料/结构多几何尺度并发的 PAMP 模型，建立了实现轻质多孔材料和结构几何多尺度并发优化设计的理论框架及对应问题的数学列式和数值实现技术。解决了材料/结构不同层级间灵敏度传递技术，突破了拓扑优化领域经典的 SIMP 模型（针对实心固体材料）无法实现对多孔材料构成结构进行拓扑优化的局限，使得材料/结构并发多尺度优化问题的可计算性得到明显提升。

②利用缠绕法和二次成型工艺制备了碳纤维增强复合材料 Kagome（笼目）点阵双蒙皮夹芯圆柱壳样件。通过真三轴刚性伺服试验机 Instron 8506 进行压缩试验，得到夹层圆筒的承载能力和刚度分别达到 524.6 kN 和 161.8 kN/mm，对比日本学者所制备的单蒙皮全三角夹芯圆柱壳，在尺寸一致、重量略重的情况下，其加筋圆柱体的承载能力为 116.9 kN，初始刚度仅为 10.6kN/mm，最终攀升至 28.2kN/mm。可以看出，本项目制备的圆柱壳样件刚度和强度远大于单蒙皮全三角夹芯圆柱壳。荷载能力和刚度的显著增强归因于双层蒙皮对点阵的约束，双层蒙皮有效地抑制了点阵的屈曲，从而消除了主导破坏模式。在试验中观察到蒙皮破坏和强度破坏是点阵夹层圆柱体的竞争破坏机制，整体屈曲、蒙皮单细胞屈曲和强度控制失效都是导致夹层圆柱体失效的原因。测试中，蒙皮与点阵没有出现分层，说明二次共固化方法可确保蒙皮与和格芯之间的粘接强度。这种新型的夹层结

构可以充分利用碳纤维的高强度和高刚度，显示点阵复合材料在提高力学性能方面的前景。同时测量了点阵夹层承力筒在不同边界条件下，横向和纵向基频及振动模态，研究了边界条件和附加质量对点阵夹层承力筒振动性能的影响规律，为理论模型的验证提供实验数据。

③针对这种运载飞行器复杂结构件中存在的集中力扩散现象，基于连续体拓扑优化，建立了集中力扩散结构设计的拓扑优化模型。以连接件和支撑件组成的结构系统的最小柔顺性为目标函数，同时考虑设计域内材料用量约束和考查区域（承载结构）应力均匀性约束（即以一定的材料用量和指定连接截面节点力的方差为约束），寻找在连接件域内的最优分布；基于 SIMP 模型，计算目标函数、约束条件以及相应的灵敏度取值，优化问题采用数学规划法如移动渐近线法（MMA）求解，为避免优化中出现棋盘格式等数值不稳定现象，需要对改进后的密度进行线性过滤。利用模型给出了平面和三维两种不同的优化算例，均得到了合理的优化设计结果。

在此基础之上，因为运载火箭燃料贮箱短壳中大量使用的"放射肋"结构设计冗余或者失效会给主体结构带来不必要的增重，考虑工程实际的受力及约束情况，给出了该结构可行的概念性设计方案。首先通过拓扑优化得到概念性设计，然后在拓扑特征提取的基础上进一步运用形状、尺寸优化方法来得到满足所有设计要求的精细化方案。传统的"短箱短壳"可被看作是单层级等截面尺寸的"放射肋"结构设计。提出了多层级"放射肋"结构设计并进行拓扑优化，结果表明，传统的等截面"放射肋"结构以及单层级"放射肋"结构的优化设计均不能使集中力得到有效扩散，其截面力在考查区域多处达到峰值，并且远高于均值。然而，对于两层级或是三层级的"放射肋"结构最优设计来说，其考查区域的截面力接近于截面力均值，这说明分级型"放射肋"结构的多层分叉特征十分有利于集中力的均匀扩散。在相同的结构重量条件下，三种优化方案均满足结构设计的强度和稳定性要求。相比传统设计，单层级优化设计的最大截面力降低了 30.1%，两层级和三层级最优设计则有更大的降低，均超过 45%；另外，三种优化设计的截面力方差均有显著降低，其中两层级和三层级最优设计的效果更为明显，降幅达到 80% 以上。就集中力扩散效果而言，三层级结构优化方案优于两层级且明显优于单层级结构；但层级的增加使得结构的复杂性随之增加。为便于加工制造，建议采用两层级"放射助"结构的优化设计方案。此方案中，结构两侧的分叉"肋骨"提升了集中力沿两侧传递的能力，降低了截面力的峰值；靠近考查区域的细小分叉"肋骨"使得集中力最终近乎均匀地扩散到下端的承载结构上。因此，建立的集中力扩散结构的优化设计方法具有明确的工程意义，所得到的新型构件设计不仅已被设计单位参考使用，而且所采用的"概念设计－结果解读－精细化设计"的创新设计流程可以借鉴并应用到其他工程结构优化设计中。

3.20 超高温、高导热、非烧蚀 C/C 复合材料制备技术及防热和热响应机制研究

我国对高导热中间相沥青基碳纤维的研究起步较晚，发展速度也较慢，在该领域研究的深度和广度与世界先进水平相比还存在较大差距，尤其是对高导热带状截面碳纤维及其 C/C 复合材料的研发尚处于起步阶段。由于该材料在现代工业、国防和高技术发展中具有重要的战略意义和较宽广的市场前景，国外对高导热碳纤维出口实行严格封锁，有关高导热带状碳（石墨）纤维制备技术及生产设备的报道也很少，因此我国对这种高导热功能材料进行研发的需求就显得十分迫切。针对这一现状，本项目围绕超高温、高导热、非烧蚀 C/C 复合材料的制备及其防热和热响应机制展开研究，主要得到以下结论。

①以三菱化学公司生产的萘系中间相沥青（AR，MP-H）为原料，中

间相沥青原料经330℃左右熔化再冷却的光学织构为典型广域流线型结构，流线区域宽度均匀，有序程度高，整体取向较好，其光学各向异性含量高达100%。经熔化处理后，中间相沥青的整体广域流线型结构更加完美，其取向程度更高，随后在自主设计的微机数控沥青纤维纺丝机上制备沥青纤维。选用直径大小约为300μm的圆形喷丝口并调节纺丝工艺条件（如纺丝温度、纺丝压力、收丝速度等），制备表面光洁平整、宽度（0.3~1.5mm）和厚度（15~30μm）可控的带状沥青纤维，随后高温碳化、石墨化热处理过程中带状纤维保持其带状形态，不发生劈裂、褶皱和卷曲，有效克服了辐射状圆形截面纤维易劈裂的难题，实现了高定向、宽平面结构（宽度大于1mm）、高导热沥青纤维带的制备。

通过对其氧化、力学性能的分析可知，在带状沥青纤维于220~260℃氧化稳定化过程中，沥青大分子在氧气的作用下形成了交联结构，取得了较好的不熔化效果，"固定"住了带状纤维的形态和结构，生成的羧基、羰基、醚等含氧官能团在随后高温热处理过程中消失。随热处理温度的提高，带状碳纤维（002）晶面的衍射峰逐渐变强，峰形由宽变窄，而且明显变尖锐，其微晶尺寸逐渐变大，（002）晶面层间距不断减小。与低温碳化处理纤维相比，石墨化纤维内部晶体生长发育更加完整，其三维有序堆积结构更加明显，石墨层片沿带状纤维主表面的择优取向程度更高。带状沥青纤维、带状预氧化纤维和低温（400~700℃）热处理带状纤维的力学性能较低，1000℃碳化带状纤维的拉伸强度和弹性模量分别为876MPa和109GPa；2000℃石墨化带状纤维的力学性能明显提高，其拉伸强度和弹性模量分别为1.28GPa和183GPa；进一步提高石墨化温度至3000℃后，带状纤维的拉伸强度和弹性模量分别提高至2.53GPa和421GPa。热处理温度越高，带状纤维的结晶度和石墨化度越高，其抗氧化性能越好，石墨化带状纤维的抗氧化性明显优于碳化纤维。2800~3000℃石墨化带状纤维的抗氧性能明显优于K-1100石墨纤维。

②将制备的带状沥青纤维进行完全氧化稳定化，固定住纤维的带状形态及其中间相沥青大分子的择优取向结构，然后进行适度热处理以提高带状纤维的力学性能，使带状纤维具有一定的强度和柔韧性，从而便于操作。再以此有序排布的带状纤维为基体材料，在其表面均匀涂覆适量中间相沥青黏结剂，采用中温（500℃）一次热压成型工艺制备一维碳纤维带/C复合材料，最后进行高温碳化和石墨化处理获得石墨晶体沿带状纤维长度方向高度取向的高导热C/C复合材料。3000℃石墨化C/C复合材料的体积密度达到了1.86g/cm³以上，沿纤维长度方向的室温电阻率低于1.5μΩ·m，室温热导率和热扩散系数分别达到800W/(m·K)和600mm²/s以上，在同类材料中处于国际领先水平。该工艺克服了自黏结成型工艺中沥青纤维适度氧化交联控制难的问题，还解决了单向C/C复合材料成型过程中常出现的变形和开裂问题，特别是大尺寸样品的易开裂难题；同时简化了C/C复合材料传统制备工艺中的反复浸渍–碳化–石墨化工序，大幅降低了生产成本，缩短了制备周期，为高导热中间相沥青基C/C复合材料的制备和应用开辟了一条新途径。最后，采用固渗法和料浆涂刷法在C/C复合材料表面形成了可用于超高温环境的抗氧化涂层。

③首次实现了不同方向线膨胀系数差异显著的高导热C/C复合材料的高温抗氧化涂层的制备，探索了高导热C/C复合材料与超高温抗氧化涂层的匹配设计及微结构控制方法。

④通过对同等环境下传统非烧蚀C/C复合材料和本项目研究的超高温抗氧化高导热C/C复合材料对热环境的响应进行分析，初步探索了抗氧化高导热C/C复合材料热防护和热响应机制。

3.21 近空间高超声速飞行器材料／结构一体化、防／隔热一体化研究、超高温氧化环境下高温热防护材料与结构的多参量实验集成方法和技术研究

本项目通过多学科交叉、优势互补，重点解决了材料／结构一体化、防／隔热一体化中的关键共性问题，建立了高温热防护材料与结构的多参量实验集成方法和技术。在材料设计、性能测试与表征方面，设计不再限于微细观、宏观，开始从原子、分子出发，从基于材料限制设计结构，到基于结构需求设计材料，由单一的承载结构、防热结构发展到防热／承载一体化以及多功能一体化设计。在测试与表征中，更加关注高温测试方法的科学性与有效性、复合材料组分的高温测试和表征方法、高温复杂应力或组合载荷下性能测试方法、新型防热材料的高温性能测试方法等。分析方法更加注重多尺度／多物理场耦合、多物理场建模、高温气体效应、非确定性分析与虚拟试验等技术。主要得到以下结论。

①从材料和结构两个层次给出了不同材料性能和结构性能间的关联关系，综合考虑热防护系统材料的防／隔热性能，以热防护轻质化为出发点，建立了以单位面积质量为优化目标，以结构参数为优化变量，以完成服役过程中的各种功能为设计约束，分析了热防护综合性能响应影响规律，建立了防／隔热一体化设计和综合性能分析方法。

②协同研究了多目标多尺度设计与优化方法在热防护材料和结构设计中的应用问题，针对结构／防热一体化方案，以波纹夹芯、腹板加筋一体化热防护为主要研究对象，首先建立了一体化热防护结构尺寸优化设计模型，分析了一体化热防护结构极限状态响应特征；其次，以遗传算法为基础，建立了一体化热防护优化设计问题的求解方法；最后，利用这一方法，对腹板加筋一体化热防护优化问题进行求解，并与经典的波纹夹芯一体化热防护方案进行对比分析。建立了基于遗传算法的热力耦合协同优化方法以

及基于拓扑优化的热防护系统热力耦合优化设计方法，给出了考虑热／力匹配的防热／传力／承载协同机制和设计方法。

③集成多项优势成果，发展了三类有代表性热防护方案设计方法和实现技术，解决了材料体系设计、结构连接、过渡、匹配和工艺实现等关键问题，并完成了设计验证与匹配性试验分析，为高超声速飞行器未来发展提供了新的技术途径。

④基于对典型热防护复合材料高温氧化环境力学行为的认识，发展和集成了多种高温和复杂载荷试验方法，从不同时间／空间尺度上建立热防护复合材料响应分析模型，发展和建立了高温结构热力响应和场信息的获取及表征方法，进一步揭示了材料热致损伤和失效、热力氧耦合机制。

⑤发展了多场耦合服役环境下的力／热／氧化等关键参量的实验技术，研发了模拟多场耦合服役环境下的测试系统与加载装置。研究成果为多场耦合服役环境下防热材料的性能表征、结构设计等提供了重要的实验支撑。

⑥在热／力耦合作用下材料渐进损伤分析的基础上，将考虑微细观结构特性、特性的细观分析模型嵌入宏观结构分析，解决了细观损伤演化和宏观性能的数据传递问题，建立了防热复合材料结构的多尺度分析方法，为实现材料在多物理场下的多尺度模拟提供手段和计算策略。

⑦研究了超高温复杂环境下防热材料的物理化学行为及失效机理，发现了气动热环境与超高温陶瓷材料的强耦合作用及其主控要素，获得了超高温陶瓷材料的氧化机制、性能预报和氧化抑制方法；利用超声微米计算机断层扫描（CT）实现了超高温陶瓷材料内部缺陷的高精度观测和定量化表征，提出了超高温陶瓷材料强韧化设计和实现方法，建立了适用于不同高超声速长时间非烧蚀服役环境需求的超高温陶瓷材料体系。

⑧在结构分析的建模与模拟过程中，对输入参数及物理过程本征的非确定性进行假设和近似，使得结构分析结果存在非确定性。与此同时，由于传感器精度限制获取的试验结果也存在一定的测量误差，试验条件的控

制与理想条件存在一定的差异。从对现有服役环境、材料特性的随机性出发，将多尺度、不确定性等理论和方法引入防热材料与结构设计、优化与评价中，发展了非确定性分析方法，建立了基于可靠性指标的热防护系统优化设计方法，给出了失效概率和可靠性灵敏度，为优化设计提供了有力的支撑。

第4章 展 望

4.1 国内存在的不足和战略需求

4.1.1 国内本领域基础研究存在的不足

（1）高超声速基础研究认识和储备与欧美相比仍有较大差距

近十年来，我国在近空间高超声速领域取得了有目共睹的进步，引起了全世界的高度关注。在国家强有力的支持下，建立了具有世界先进水平的大型研究设施，通过集成创新能力的提升，攻克了系列关键技术，在基础研究层面也进行了全面系统的部署。但是与美、欧等几十年的研发历程和技术储备相比，还存在着很大的差距。首先是研究理念上，国外在长期积累和多次飞行试验的基础上，紧紧抓住影响最为显著、需求最为强烈的物理现象或效应，主要关注如何提高认知和控制能力，如何通过认知能力的提升完善模型和方法，以及如何通过不断完善的试验与模拟手段认识和控制新效应，其基础研究成果的突破可直接影响或应用于工程实践。而我国由于历史原因在此领域缺乏足够的积累，对关键物理效应、模型和重要参数的把控能力不足，数值模拟方法缺乏有效的验证和确认手段，试验方法也主要应用于考核和验证，传统的飞行器设计理念依然占据主导地位。当前我国面临的使命和研发途径也与国外有明显不同，基础研究还要承担填补空白、强化薄弱环节等多重使命，导致基础研究在基本认识、工程关注、研究热点和未来重点等不同方面都与国外存在有较大差距，需要更加充分认识基础研究的战略地位和作用，持续强化基础研究，努力提高内涵、拓展外延，才可能厚积薄发。

（2）高超声速基础研究原创性方向和成果较为鲜见

经过近十年的努力，国内相关基础研究方向从跟踪国际热点，逐步转向以面向国家重大需求为主。虽然创新性成果逐步增加，但在一定程度上仍存在着针对性不强、同质化、碎片化等问题。本重大研究计划在主动布局方面做了大量的导向工作，申请面、申请量和对核心科学问题的理解程度基本反映了当前阶段我国该领域基础研究的现状。从整体上提出革命性研究方向，做出原创性成果，实现"顶天立地"，但是取得的原创性方向和成果不多。究其原因是多方位的，包括工程需求与基础研究的定位、鼓励创新的机制和体制等问题。就科学和技术本身，需要更深刻地理解需求和应用，及时洞察多学科前沿方向发展态势，提升凝练科学问题的能力，解放传统思维限制，坚定解决问题信心。

（3）多学科交叉和结合能力有待进一步提高

多学科交叉是当前顺应科技发展潮流，提高认知和创新能力最为有效的途径。本重大研究计划自立项起就非常强调多学科交叉，鼓励集成创新，以重点支持项目、集成项目等多种形式促进学科交叉，在四个核心科学问题内和相互间进行交叉，取得了富有成效的效果。但与国外相比，其深度和广度存在较大差距，还难以满足高超声速飞行器发展要求。如数理科学部申请了 385 项，工程与材料科学部申请了 151 项，信息科学部申请了 57 项，但化学科学部仅申请了 6 项且无一获得资助，而国外近期非常强调高超声速传统学科之间及其与化学、信息、数学等学科的深度交叉。究其原因，一是受传统的单学科基础研究思路限制，二是对科学问题所蕴含的多学科本质认识不足，三是在合作和共享机制方面仍需要改进。

（4）基础研究与飞行试验的结合能力不足

由于高超声速飞行存在许多未知和不确定因素，地面试验能力难以复现飞行环境，数值方法还存在许多局限性，要想在高超声速技术上进一步获得革命性突破，飞行试验已经成为最关键的研究手段，并与基础研究的突破直接关联。飞行试验不仅可以提供真实服役环境关键物理现象的发现和理解，还能对数值模拟和地面测试所获得的知识、方法的准确性进行验证，为尺度效应提供研究手段。美、欧、澳、日等国愈来愈重视以科学研究为目标的飞行试验计划，并取得了显著的成效，如 HIFiRE 项目首次捕获激波干扰不稳定性高超声速飞行数据，将会驱动高超声速流动新的科研范式。我国大多数飞行试验仍以系统或能力验证为主，难以发挥"基础 – 工程"相互驱动的作用，好在许多重大工程项目飞行试验已经逐步重视基础研究的相关性，近空间科学与技术飞行试验平台的成功运行也为此提供了良好的开端。

4.1.2 本领域基础研究面临的重大战略需求

习近平主席曾指出："发展航天事业，建设航天强国，是我们不懈追求的航天梦。"高超声速技术不仅可以大幅度提高人类进入、控制和利用空间的能力，而且在系统开发、利用近空间中发挥着关键作用，对未来国家安全、政治和经济利益具有革命性影响和重大应用价值。

大气层内长时间高超声速滑翔／巡航／机动飞行，是目前多种新型空天飞行器发展的热点和趋势，不仅可以提高飞行速度和机动能力，而且能够促使许多传统观念发生改变。可重复使用天地往返飞行器是显著降低航天运输成本、提高可靠性和多任务能力最为有效的技术途径。同时，近空间高超声速技术作为一项覆盖整个空天领域的关键使能技术，对未来载人航天和深空探测等国家战略需求影响巨大。

从桑格尔空天飞机算起，至今已有近80年努力。"高超声速是未来，但可能总是未来"这句话形象地反映了高超声速技术发展的艰巨性、挑战性和长期性。高超声速的最大挑战来自于基础研究资源有限，但潜在影响巨大。两类高超声飞行器关键科学和技术问题如图11所示。

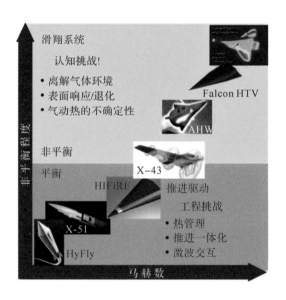

图11 两类高超声速飞行器关键科学和技术问题 [52]

美国空军结合近些年来近空间高超声速技术的发展态势，从飞行马赫数与高温非平衡效应影响程度的关系层次出发，总结了滑翔和巡航两类飞行器主要面临的科学与技术层面问题。随着超燃发动机关键技术的突破和飞行试验成功，*Ma* 10 以下的高超声速巡航飞行主要面临系统集成挑战，即由吸气式推进系统集成带来的诸多问题，包括对层流 – 湍流转捩与不稳定激波干扰影响特性的理解及热管理问题等。这一类飞行器自由流马赫数通常相对较低，热化学非平衡效果不显著。与此相反，高马赫数助推滑翔飞行器主要面临尚不明确的气动热物理现象带来的科学挑战，即高马赫数飞行激波产生解离环境中热化学非平衡给系统带来的诸多问题。热化学过程决定激发内部状态、释放能量产生热能和气动热 / 力现象的准确预测，需要通过模拟所需有关反应速率精确度的提升而逐步提高能力；非平衡气体环境和材料表面反应之间的相互作用也成为挑战，预测能力都依赖于基本热化学反应速率的准确掌握，包括气体、气 – 表面界面和材料表面附近区域。许多空气热力学的进展都是基于动能、内能或化学能等模式之间的转换获得的新见解。主导能量转换机制的知识可能会被用来提出实现控制宏观流动性的革命性方法，流场可以被设计成有利于最佳能量转换的机制，从而达到最优流动状态的应用，也可能产生流动控制的新方法。

虽然超燃冲压发动机技术的突破让人欢欣鼓舞，但必须正视当前具有导弹尺度、碳氢燃料的超燃冲压发动机，基本具备了一次性使用结构和基于载荷叠加的结构寿命预测能力。未来的需求包括如何进一步提高超燃冲压发动机的性能和效率，拓宽其工作马赫数范围，解决尺度放大带来的系列问题，发展可重复使用碳氢燃料超燃发动机和组合循环发动机，逐步完善可持续高速巡航的推进 / 机体一体化设计和分析方法，发现与探索新的推进概念和物理模型。

近空间高超声速飞行器对于"减重"有着特殊要求，这对材料与结构的轻质化、抗极端环境化和多功能化提出了协同要求，尤其是对"比性能"的要求更为突出，如比强度、比刚度、比体积、比能量、比功率等。因此需要开发更高性能的结构 / 功能材料，探索更具效率的结构概念，还要通过结构设计耦合更多功能，达到系统减重的目的。新一代复合材料应聚焦于多功能驱动设计，还有"成本降低 50%，制造能耗减少 75%"的潜力可挖。材料设计与微结构控制已经深入到纳观尺度，将会大幅提升材料的性能和功能。如何将具有纳米化结构材料的革命性性能转化到宏观尺度主承力结构中，是当前的主要任务；如何能够承受高超声速飞行器气动载荷和推进系统带来的极端服役条件，依然是高速飞行器发展最为关键的问题。如果想进一步挖掘潜力，需要考虑服役环境与材料响应的耦合机制，关注材料远离平衡态行为、材料表面损伤行为、能率变化条件下损伤行为以及动态界面行为，这对气动热防护、发动机内防护以及含能材料的研究非常关键。

近空间高超声速飞行器控制代表着富有激情的挑战，包括考虑物理约束，推进高度非线性、推力与高度之间强耦合，控制面尺寸带来非最小相位行为，以及分析气动力－热－动力学行为未知引起高度模型不确定性等问题，既要面对这些强烈的技术挑战，又要面对难以在地面设施中复现服役条件的限制。无论是采用依赖于频域中的经典控制设计方法、基于物理模型的控制设计知识模型，还是采用与飞机相似的非线性动力学反演控制方法，都很难在高超声速飞行器控制设计中克服逆向不稳定性动力学、鲁棒性质全局（半全局）解、飞行器一体化物理限制依顺性等难题，需要发展新的理论和方法。

4.2 深入研究的设想和建议

（1）下一步深入研究设想

结合国内外近空间高超声速技术发展现状与趋势，国家重大需求和学科发展需求，以及重大研究计划所取得的发展态势，指导专家组认为，国家层面的高超声速基础研究，应继续在所构建的基础研究体系框架下，深化核心科学问题研究，加强在问题驱动、多学科交叉和原创性研究方面的支持。应重点关注的基础问题或研究方向如下。

首先，需要进一步提高对高超声速飞行所带来的特殊物理效应的认识和把控能力，特别是"高能量""极端热"带来的气动、推进、材料和控制等多学科领域的系列问题和挑战。高超声速飞行器边界层转捩明显增强表面加热速率和气动阻力，依然是非常复杂且未得到很好理解的物理现象，提高预测或延迟转捩、维持层流能力将会发挥更大的作用。激波交互作用是高速飞行器无所不在的挑战，它产生了极端的局部条件，导致我们难以预测相关的热和噪声载荷，因此如何准确预测成为基础研究和工程应用的关键。率相关非平衡流动是高超声速飞行最为典型的特征，所带来的最大挑战是化学复杂性的提升导致现有预测能力丧失，因此需要在减少反应和速率不确定性、强化与化学等多学科交叉、理解更多瞬态现象或效应等方面做出更大的努力。非定常分离将导致热载荷增加，产生强烈的壁面压力波动，激励飞行器面板共振，如何在设计中考虑和把握来自于非定常分离的疲劳载荷成为精细化设计的重要因素。

虽然超燃冲压发动机飞行验证试验已经证明其可行性，但在可用、实用和可重复使用方面还面临着诸多科学和技术上的挑战。需要进一步认识超声速燃烧各环节机理，为获取更宽范围、更高鲁棒性和更高效率的点火、传播、稳燃机制及方法提供依据，积极探索提高减阻能力、混合效率和燃烧效率，乃至提高发动机效率的新方法、新途径，解决燃料高效冷却与发动机热防护之间的协同问题；重点关注更大尺度超燃冲压发动机带来的尺寸效应、组合循环发动机循环模式与模态转换机制、连续可调进/排气新途径以及旋转爆轰发动机设计优化方法，发展能够提高上述能力的高置信度数值模拟、试验模拟方法和诊断技术。

耐极端服役环境材料与轻质结构依然是影响高超声速飞行器发展最为根本的控制因素，桑格尔弹道的制约性于此，钱学森弹道的先决条件于此，

HTV-2 的失败于此，高超声速工程化的最短板也于此。因此，要结合集成计算材料工程（ICME）等手段，增强对超高温材料热、化学和力学稳定性的质量传递动力学、化学反应路径和变形机制的理解，建立自下而上的特种材料设计方法，研究材料远离平衡态行为，利用低维化、人工结构化、集成化、智能化等新方法，从更微观尺度上进行复合和界面控制，创造具有高性能、新效应的新材料。需要关注材料结构之间连接、装配、隔热和密封等带来的科学问题，考虑在新型定向能对抗环境下的生存能力。考虑高超声速飞行器结构局部响应的多场耦合效应和非线性效应，把对材料性能演化的理解集成到结构尺度模拟中，发展基于非确定性框架下的多尺度失效模拟方法，建立组合或耦合载荷下的结构动力学响应分析和寿命预测方法，进一步提高热结构复合材料、新型承载式热防护系统以及主被动结合热防护系统的建模、失效和寿命预报能力。

高超声速飞行器相关的诸多控制理论和方法已经在多次飞行试验中得到验证和不断完善，但对于能够遂行其多重任务使命还任重道远。针对结构和应用特征越来越明确的高超声速飞行器，要提升结构、飞行和轨道控制的综合建模能力，不断丰富其多学科模型功能；面向非结构化环境、非线性响应特征等特殊需求，要发展多元、混合、异构控制系统设计和稳定性分析方法。结合先进传感器、执行机构和信息处理技术，提升实时故障诊断、动态航路规划、自主目标选择、威胁规避和任务重构等智能决策控制能力；通过信息科学、数学、材料、空气动力学和结构动力学等学科有机结合，探索不确定、信息冗余、动态变化、损伤容错和网络环境下的自适应控制和决策方法。

此外，还要充分认知先进测试技术、数值模拟方法和飞行试验在高超声速基础研究中的作用，发展可用于高超声速地面和飞行试验的非扰动、耐极端环境诊断仪器与试验技术，精确感知气动力/热、推进力/热、机械和噪声等载荷及响应，实现远场、近场、表面及亚表面物理效应的无干扰、无损传感与观测，适应高热梯度薄壁结构、大时空跨度边界层转捩、复杂结构区域以及进气道等特殊要求；重视一切能够为复杂系统设计提供精确、可靠、高效分析的计算方法和技术，不断完善多尺度建模（材料、结构、等离子体、流动和燃烧）、多物理场建模（流/固）、不确定性量化、不确定性框架下的多学科优化和控制方法，持续强调不确定性量化（UQ）和验证与确认（V&V）的作用，把握离散性对分析置信度和计算精度的影响；考虑地面模拟试验和数值模拟试验的局限性，提出明确科学实验目标，结合搭载飞行或创造飞行试验条件，针对特定物理效应，设计有效载荷，实现关键物理效应的认识或重要理论、模型和方法的验证。

（2）下一步发展建议

在基金委两个重大研究计划的支持下，高超声速技术相关基础研究获得了近15年持续资助和稳定发展，全面提升了我国在此领域的基础研究综合能力，有力支撑了国家重大需求关键技术突破，尤其是为可持续发展奠定了坚实的基础，成效显著。但对于近80年步履艰辛的发展历程和所承担的重大历史使命来说，高超声速技术仍面临着诸多科学认知和技术挑战，更加需要长期稳定、目标明确的基础研究的投入和支持。高超声速发展历史经验告诉我们，其最大的挫折莫过于随着项目终结，掌握最新知识和开发经验的科学技术小组被解散并转移到其他项目中。因此需要通过以问题驱动为导向、继续推行重大项目或重大计划，以及与工业部门和用户建立框架性协议等多种形式，保证队伍不散、研究深化不断。

当前正值国家重大科技体制改革时期，这对基础和创新能力建设提出了强烈需求。近空间高超声速飞行器基础研究在鼓励自由探索、增强源头创新能力的同时，更需要明确基础研究在先期探索、关键技术攻关以及应用示范全链条中的地位和定位，鼓励从自然科学到技术科学的升华，聚焦国家重大战略任务，充分发挥其在概念和技术创新中的作用，既要抱有"十年磨一剑"的心态，又需加强积极转化的理念。

力学的双重属性是其在认识世界、改造世界过程中发挥巨大作用的主要原因。从纷杂乱世中高度凝练，认识其本质、把握其规律，从而形成基础与技术的有机协同。力学学科在本重大研究计划中发挥了主导作用，高超声速关键理论与方法也最有可能是力学学科能够取得重大突破、实现"顶天立地"的主要方向和良好契机。因此需要大力提升从工程需求中准确提炼科学问题，并给予彻底解决，再返回到工程中去的能力；同时能够提出创新概念和技术，并使其跨越创新的"死亡之谷"，这其中关键之关键是需要发展能在真实条件下适用的理论和方法，发现革命性的重大理论，引发传统理论变革。

高超声速技术具有鲜明的多学科交叉且强耦合特点，许多科学和工程问题，都需要力学学科内部深度融合及其与其他学科积极交叉。相关基础研究需要继续发展和探索新的资助模式与管理体制，如已经实施的重点支持项目和集成项目等，或设立更多的跨学科项目，借鉴类似美国多学科大学研究倡议（MURI）等的资助方法，提升运用跨学科系统方法思考的能力，促进研究人员思想碰撞与融合，吸引更多高水平人才充实高超声速基础研究力量；需要进一步鼓励理念、概念创新，提高有针对性地发现和洞察前沿与新兴技术应用潜力的能力，探索纳米、增材制造、柔性电子、量子计算、大数据等热点研究领域在高超声速核心科学问题突破中的潜力和可行性，提出引领性、创新性研究方向，关注巴斯德象限（Pasteur's Quadrant）效应，积极促进成果转化。

参考文献

[1] Index of NSAEBB [EB/OL]. (2017-08-10) [2019-10-20]. https://nsarchive2.gwu.edu/
NSAEBB/NSAEBB434/docs.

[2] Xue H, Khawaja H, Moatamedi M. Conceptual design of high speed supersonic aircraft: a
brief review on SR-71 (blackbird) aircraft [C]// 10th International Conference on Mathematical
Problems in Engineering, Aerospace and Sciences, Narvik, Norway, 2014.

[3] Merlin P W. Design and development of the blackbird: challenges and lessons learned [C]//
47th AIAA Aerospace Sciences Meeting including The New Horizons Forum and Aerospace
Exposition, Orlando, Florida, 2009.

[4] Sanger E. Recent Results in Rocket Flight Technique [R]. Washington: National Advisory
Committee for Aeronautics, 1942.

[5] Launius R D, Jenkins D R. Coming home: reentry and recovery from space [M]. Washington:
US Government Printing Office, 2012.

[6] Hallion R P. The history of hypersonics: or, "back to the future: again and again" [C]// 43rd
AIAA Aerospace Sciences Meeting and Exhibit, Reno, Nevada, 2005.

[7] 关世义 . 钱学森与现代飞行力学 [J]. 战术导弹技术 , 2009(6): 1-8.

[8] 钱学森在加州理工大学向研究生授课 [EB/OL]. (2010-10-01) [2019-10-20]. http://
www.cas.cn/zt/rwzt/qxsssyzn/sptj/201010/t20101031_3000086.html.

[9] FDL-6 Suborbital Maneuvering Vehicle (SOMV) (1975) [EB/OL]. [2019-10-20]. http://
fantastic-plastic.com/fdl-6-suborbital-maneuvering-vehicle-somv-by-fantastic-plastic.
html.

[10] Knudsen B. An Examination of U.S. Hypersonic Weapon Systems [R]. Washington:
George Washington University, 2017.

[11] 崔尔杰 . 近空间飞行器研究发展现状及关键技术问题 [J]. 力学进展 , 2009, 39(6):
658-673.

[12] Walker H S, Rodgers F. Falcon hypersonic technology overview [C]// AIAA/CIRA 13th International Space Planes and Hypersonics Systems and Technologies Conference, Capua, Italy, 2005.

[13] Freeman D C, Reubush D E, McClinton C R, et al. The NASA Hyper-X Program [R]. Paris: International Astronautical Federation, 1997.

[14] McClinton C R, Rausch V L, Sitz J, et al. Hyper-X Program status [C]// 39th Aerospace Sciences Meeting and Exhibit, Reno, Nevada, 2001.

[15] Leonard C P, Amundsen R M, Bruce W E. Hyper-X hot structures design and comparison with flight data [C]// AIAA/CIRA 13th International Space Planes and Hypersonics Systems and Technologies Conference, Capua, Italy, 2005.

[16] Mercier R A, Ronald T M F. Hypersonic technology (HyTech) program overview [C]// 8th AIAA International Space Planes and Hypersonic Systems and Technologies Conference, Norfolk, Virginia, 1998.

[17] Powell O A, Edwards J T, Norris R B, et al. Development of hydrocarbon-fueled scramjet engines: the hypersonic technology (HyTech) program [J]. Journal of Propulsion and Power, 2001, 17(6): 1170-1176.

[18] Richman M S, Kenyon J A, Sega R M. High speed and hypersonic science and technology [C]// 41st AIAA/ASME/SAE/ASEE Joint Propulsion Conference & Exhibit, Tucson, Arizona, 2005.

[19] Walker S H, Sherk C J, Shell D, et al. The DARPA/AF Falcon Program: the hypersonic technology vehicle #2 (HTV-2) flight demonstration phase [C]// 15th AIAA International Space Planes and Hypersonic Systems and Technologies Conference, Dayton, Ohio, 2008.

[20] Jorris T R. Recent and on-going hypersonic, space transit, and space launch flight tests [C]// AIAA Flight Testing Conference, Atlanta, Georgia, 2014.

[21] Schulz M C, Wetherall R. Falcon Hypersonic Technology Vehicle (HTV-2) [R]. Arlington, Virginia: DARPA, 2011.

[22] 甄华萍, 蒋崇文. 高超声速技术验证飞行器 HTV-2 综述 [J]. 飞航导弹, 2013(6): 7-13.

[23] ARPA Engineering Review Board Concludes Review of HTV-2 Second Test Flight [EB/OL]. (2012-04-20) [2019-10-20]. http://www.airplanesandrockets.com/resources/DARPA-Engineering-Review-Board-HTV-2-Test-Flight.htm.

[24] Clark H. Labs technology launched in first test flight of Army's conventional Advanced Hypersonic Weapon [EB/OL]. (2012-05-18) [2019-10-21]. https://www.sandia.gov/LabNews/120518.html.

[25] Malik T. US Military Blows Up Hypersonic Weapon After Failed Test Launch [EB/OL]. (2014-08-26) [2019-10-21]. https://www.space.com/26944-us-military-hypersonic-weapon-test-explodes.html.

[26] Advanced Hypersonic Weapon [EB/OL]. [2019-10-21]. https://www.globalsecurity.org/military/systems/munitions/ahw.htm.

[27] Hank J M, Murphy J S, Mutzman R C. The X-51A scramjet engine flight demonstration program [C]// 15th AIAA International Space Planes and Hypersonic Systems and Technologies Conference, Dayton, Ohio, 2008.

[28] Tang M, Chase R L. The quest for hypersonic flight with air-breathing propulsion [C]// 15th AIAA International Space Planes and Hypersonic Systems and Technologies Conference, Dayton, Ohio, 2008.

[29] 李国忠, 于廷臣, 赖正华. 美国 X-51A 高超声速飞行器的发展与思考 [J]. 飞航导弹, 2014(5): 5-8.

[30] Williams A. DARPA continues push toward high-speed aircraft with new Integrated Hypersonics program [EB/OL]. (2012-07-10) [2019-10-21] https://newatlas.com/darpa-integrated-hypersonics-program-mach-20-x-plane/23243.

[31] Warwick G. Hypersonic X-Plane (HX) - DARPA Tries Again [EB/OL]. (2012-08-24) [2019-10-21]. https://wiki.nps.edu/display/CRUSER/2012/08/28/Hypersonic+X-Plane+%28HX%29+-+DARPA+Tries+Again.

[32] Anthony S. US military's experimental hypersonic weapon explodes seconds after launch [EB/OL]. (2014-08-26) [2019-10-22]. https://www.extremetech.com/extreme/188675-us-militarys-experimental-hypersonic-weapon-explodes-seconds-after-launch.

[33] Trevithick J. The B-52 Looks Set To Become The USAF's Hypersonic Weapons Truck of Choice [EB/OL]. (2018-08-28) [2019-10-22] https://www.thedrive.com/the-war-zone/23200/the-b-52-looks-set-to-become-the-usafs-hyper sonic-weapons-truck-of-choice.

[34] DARPA to Launch Test Flight for Two Hypersonic Weapons [EB/OL]. (2019-05-07) [2019-10-22]. http://en.c4defence.com/Agenda/darpa-to-launch-test-flight-for-two-hypersonic-weapons/8140/1.

[35] 张茜. 2015 年全球高超声速吸气式推进技术发展综述 [J]. 飞航导弹, 2016(10): 7-11.

[36] Waters D. DARPA Perspective [R]. Arlington, Virginia: DARPA, 2015.

[37] Urban D. The DARPA Science & Technology Program [C]// NDIA 17th Annual Science & Engineering Technology Conference, Tampa, Florida, 2016.

[38] Arefyev K Y, Kukshinov N V, Prokhorov A N. Analysis of development trends of power-units for high-speed flying vehicles [J]. Journal of Physics: Conference Series, 2019, 1147: 012055.

[39] 马娜, 门薇薇, 王志强, 等. SR-72 高超声速飞机研制分析 [J]. 飞航导弹, 2017(1): 14-20.

[40] Norris G. Skunk Works Reveals SR-71 Successor Plan [EB/OL]. (2013-11-01) [2019-10-22]. https://aviationweek.com/technology/skunk-works-reveals-sr-71-successor-plan.

[41] Zhong Y, Liu D H, Wang C. Research progress of key technologies for typical reusable

launcher vehicles [C]// 2nd International Conference on Aerospace Technology, Communications and Energy Systems, Shanghai, 2018.

[42] Howell E. XS-1: DARPA's Experimental Spaceplane [EB/OL]. (2018-04-27) [2019-10-23]. https://www.space.com/29287-xs1-experimental-spaceplane.html.

[43] Sponable J. Experimental Spaceplane (XS-1) [R]. Arlington, Virginia: DARPA, 2014.

[44] 魏昊功, 陆亚东, 李齐, 等. 欧洲"过渡试验飞行器"再入返回技术综述 [J]. 航天器工程, 2016, 25(1): 131-140.

[45] 王卫杰, 李怡勇. 欧洲"过渡型试验飞行器"研究与飞行试验情况分析 [J]. 国际太空, 2016(1): 78-82.

[46] Tumino G, Mancuso S, Gallego J M, et al. The IXV experience, from the mission conception to the flight results [J]. Acta Astronautica, 2016, 124: 2-17.

[47] Mark H. Progress on Skylon and SABRE [C]// 64th International Astronautical Congress, Beijing, 2013.

[48] 聂万胜, 周思引, 雷旭. 协同吸气式火箭发动机研究进展 [J]. 装备学院学报, 2016, 27(16): 57-64.

[49] US Air Force confirms hypersonic SABRE engine feasible [EB/OL]. (2015-04-20) [2019-10-23]. https://www.nextbigfuture.com/2015/04/us-air-force-confirms-hypersonic-sabre.html.

[50] Sodhi C. ZIRCON: the Russian hypersonic cruise missile [R]. New Delhi: Centre for Air Power Studies, 2016.

[51] Robinson J S, Martin J G, Bowles J V, et al. An overview of the role of systems analysis in NASA's hypersonics project [C]// 14th AIAA/AHI Space Planes and Hypersonic Systems and Technologies Conference, Canberra, 2006.

[52] Schmisseur J D. Hypersonic into the 21st century: a perspective on AFOSR-sponsored research in aerothermodynamics [J]. Progress in Aerospace Science, 2015, 72: 3-16.

[53] 李婧芳, 牛文, 李文杰. 澳大利亚成功完成 HIFiRE 的第 5 次试验 [J]. 飞航导弹, 2013(1): 14-16.

成果附录

附录 1　代表性论文目录

[1] Mao X, Cao W. Prediction of hypersonic boundary layer transition on sharp wedge flow considering variable specific heat [J]. Applied Mathematics and Mechanics, 2014, 35(2): 143-154.

[2] Sun C H. Physical implication of two problems in transition prediction of boundary layers based on linear stability theory [J]. Science China: Physics, Mechanics & Astronomy, 2014, 57(5): 950-962.

[3] 张永明, 周恒. PSE 在超音速边界层二次失稳问题中的应用 [J]. 应用数学和力学, 2008, 29(1): 1-7.

[4] 张永明, 周恒. PSE 在可压缩边界层转捩问题中的应用 [J]. 应用数学和力学, 2008, 29(7): 757-763.

[5] 董明, 周恒. 超声速钝锥湍流边界层 DNS 入口边界条件的研究 [J]. 应用数学和力学, 2008, 29(8): 893-904.

[6] 苏彩虹, 周恒. 超音速和高超音速有攻角圆锥边界层的转捩预测 [J]. 中国科学：物理学 力学 天文学, 2009, 39(6): 874-882.

[7] 曹伟. 高超声速边界层的转捩问题 [J]. 空气动力学学报, 2009, 27(5): 516-523.

[8] 董明, 周恒. 高超声速湍流边界层中由高温引起的变比热效应及其计算 [J]. 中国科学：物理学 力学 天文学, 2010, 40(11): 1431-1440.

[9] 董明, 周恒. 高超音速湍流边界层气动热计算中湍流模式的改进 [J]. 中国科学：物理学 力学 天文学, 2010, 40(2): 231-241.

[10] 董明, 张永明, 周恒. 计算可压缩边界层转捩及湍流的一种新方法——PSE+DNS[J].

应用数学和力学, 2008, 29(12): 1387-1394.

[11] Leng J S, Lan X, Liu Y J, et al. Shape-memory polymers and their composites: Stimulus methods and applications [J]. Progress in Materials Science, 2011, 56(7): 1077-1135.

[12] Chen Y J, Sun J, Liu Y J, et al. Experiment and analysis of fluidic flexible matrix composite ((FMC)-M-2) tube [J]. Journal of Intelligent Material Systems and Structures, 2012, 23(3): 279-290.

[13] 陈钱, 尹维龙, 白鹏, 等. 变后掠变展长翼身组合体系统设计与特性分析 [J]. 航空学报, 2010, 31(3): 506-513.

[14] 杨文超, 杨剑挺, 王进, 等. 变弯度机翼准定常流动分离特性的实验研究 [J]. 中国科学: 物理学 力学 天文学, 2012, 42(5): 531-537.

[15] 董二宝, 许昊, 李永新, 等. 单曲柄双摇杆机构同步性能优化 [J]. 机械工程学报, 2010, 46(7): 22-26.

[16] 徐国武, 白鹏, 石文. 二维翼型可变形方案初步研究 [J]. 力学季刊, 2011, 32(4): 570-576.

[17] 陈钱, 白鹏, 李锋. 飞行器变后掠过程非定常气动特性形成机理 [J]. 力学学报, 2013, 45(3): 307-313.

[18] 陈钱, 白鹏, 尹维龙. 飞机外翼段大尺度剪切式变后掠设计与分析 [J]. 空气动力学学报, 2012, 31(1): 40-46.

[19] 尹维龙. 关节式准柔性后缘翼型的气动特性分析 [J]. 哈尔滨工业大学学报, 2010, 42(1): 1758-1761.

[20] 白鹏, 陈钱, 刘欣煜, 等. 滑动蒙皮变后掠气动力非定常滞回与线性模型 [J]. 力学学报, 2011, 43(6): 1020-1029.

[21] 李素循. 近空间飞行器的气动复合控制原理及研究进展 [J]. 力学进展, 2009, 39(6): 740-755.

[22] 刘耀峰, 薄靖龙. 侧向喷流干扰流场建立与消退过程数值模拟 [J]. 宇航学报, 2015, 36(8): 877-894.

[23] 李素循. 吉林陨石熔壳结构的观测 [C]// 第九届全国实验流体力学学术会议, 杭州, 2013.

[24] 李素循, 师军, 郭孝国. 高速流绕平板边界层特性研究 [J]. 气体物理, 2016, 1(6): 1-4.

[25] Zhao L, Zhao X J, Li S X. Fluctuating pressure inside/outside the flow separation region in high speed flowfield [J]. Journal of Aerospace Science and Technology, 2015, 1: 18-26.

[26] Li S X, Guo X G. Blunt fin induced shock wave/laminar and transition boundary layer interaction in hypersonic flow [C]// The 13th Asian Congress of Fluid Mechanics, Bangladesh, 2010.

[27] Li S X, Wang K, Ni Z Y. The visualization of three-dimension shock wave structure in hypersonic flow using schlieren photography and laser vapor screen technique [C]// The

11th Asian Symposium on Visualization, Japan, 2011.

[28] Ma J K, Li S X, Guo X G. Visualization of unsteady laminar separated flow induced by a swept blunt fin [C]// The 12th Asian Symposium of Visualization, Taiwan, 2013.

[29] Li S X. Visualization in super/hypersonic flow [C]// The 12th Asian Symposium of Visualization, Taiwan, 2013.

[30] Ma J K, Li S X. Heat flux measurement in separated flowfield induced by a swept blunt fin [C]// 4th International Conference on Experimental Fluid Mechanics, Beijing, 2014.

[31] Wang Z H, Bao L, Tong B G. Theoretical modeling of chemical nonequilibrium stagnation point boundary layer heat transfer under rarefied conditions [J]. Science China: Physics, Mechanics & Astronomy, 2013, 56(5): 866-874.

[32] Wang Z H, Bao L, Tong B G. An analytical study on nonequilibrium dissociating gas flow behind a strong bow shockwave under rarefied conditions [J]. Science China: Physics, Mechanics & Astronomy, 2013, 56(4): 671-679.

[33] Wang Z H, Lin B, Tong B G. Rarefaction criterion and non-Fourier heat transfer in hypersonic rarefied flows [J]. Physics of Fluids, 2010, 22(12): 1-7.

[34] Chen X X, Wang Z H, Yu Y L. Nonlinear shear and heat transfer in hypersonic rarefied flows past flat plates [J]. AIAA Journal, 2015, 53(2): 413-420.

[35] Wang Z H, Lin B, Tong B G. Variation character of stagnation point heat flux for hypersonic pointed bodies from continuum to rarefied flow states and its bridge function study [J]. Science China: Physics, Mechanics & Astronomy, 2009, 52(12): 2007-2015.

[36] Li B M, Bao L, Tong B B. Physical criterion study on forward stagnation point heat flux CFD computations at hypersonic speeds [J]. Applied Mathematics and Mechanics, 2010, 31(7): 839-850.

[37] Chen H, Bao L. Mechanics of unsteady aerodynamic heating with sudden change in surface temperature [J]. Applied Mathematics and Mechanics, 2009, 30(2): 163-174.

[38] Wang Z H, Bao L, Tong B G. Theoretical modeling of the chemical non-equilibrium flow behind a normal shock wave [J]. AIAA Journal, 2012, 50(2): 494-499.

[39] Wang Z H. Theoretical Modelling of Aeroheating on Sharpened Noses Under Rarefied Gas Effects and Nonequilibrium Real Gas Effects [M]. Berlin: Springer Theses, 2015.

[40] 王智慧, 鲍麟. 具有局部稀薄气体效应的高超声速尖锥气动加热特征研究 [J]. 计算物理, 2010, 27(1): 59-64.

[41] Liu X L, Zhang S H, Zhang H X, et al. A new class of central compact schemes with spectral-like resolution II: Hybrid weighted nonlinear schemes [J]. Journal of Computational Physics, 2015, 284: 133-154.

[42] Liu X L, Zhang S H, Zhang H X, et al. A new class of central compact schemes with spectral-like resolution I: Linear schemes [J]. Journal of Computational Physics, 2013, 248: 235-256.

[43] Zhang L P, Chang X H, Duan X P, et al. Applications of dynamic hybrid grid method for three-dimensional moving/deforming boundary problems [J]. Computers & Fluids, 2012, 62: 45-63.

[44] Zhang S H, Li H, Liu X L, et al. Classification and sound generation of two-dimensional interaction of two Taylor vortices [J]. Physics of Fluids, 2013, 25(5): 1-34.

[45] Zhang S H, Deng X G, Mao M L, et al. Improvement of convergence to steady state solutions of Euler equations with weighted compact nonlinear schemes [J]. Acta Mathematicae Applicatae Sinica, 2013, 29(3): 449-464.

[46] Zhang L P, Zhao Z, Chang X H, et al. A 3D hybrid grid generation technique and a multigrid/parallel algorithm based on anisotropic agglomeration approach [J]. Chinese Journal of Aeronautics, 2013, 26(1): 47-62.

[47] Sun D, Li Q, Zhang H X. Detached-eddy simulations on massively separated flows over a 76/40° double-delta wing [J]. Aerospace Science and Technology, 2013, 30(1): 33-45.

[48] Li Q, Sun D, Zhang H X. Detached-eddy simulations and analyses on new vortical flows over a 76/40° double delta wing [J]. Science China: Physics, Mechanics & Astronomy, 2013, 56(6): 1062-1073.

[49] Zhang S H, Jiang S F, Shu C W. Improvement of convergence to steady state solutions of Euler equations with the WENO schemes [J]. Journal of Scientific Computing, 2011, 47(2): 216-238.

[50] 张来平, 马戎, 常兴华, 等. 虚拟飞行中气动、运动和控制耦合的数值模拟技术 [J]. 力学进展, 2014, 44: 376-417.

[51] Yuan Y M, Zhang T C, Yao W, et al. Study on flame stabilization in a dual-mode combustor using optical measurements [J]. Journal of Propulsion and Power, 2015, 31(6): 1524-1532.

[52] Li L, Wang J, Fan X J. Development of integrated high temperature sensor for simultaneous measurement of wall heat flux and temperature [J]. Review of Scientific Instruments, 2012, 83(7): 1-11.

[53] Zhang T C, Wang J, Fan X J. Combustion of vaporized kerosene in supersonic model combustors with dislocated dual cavities [J]. Journal of Propulsion and Power, 2014, 30(5): 1152-1161.

[54] 俞刚, 范学军. 超声速燃烧与高超声速推进 [J]. 力学进展, 2013, 43(5): 449-471.

[55] 袁越明, 杨猛, 张泰昌, 等. 脉冲纹影技术及其在超声速燃烧室流场显示中的应用 [J]. 推进技术, 2013, 34(1): 42-46.

[56] 王新竹, 张泰昌, 陆阳, 等. 主动冷却燃烧室燃烧与传热耦合过程迭代分析设计方法 [J]. 推进技术, 2014, 35(2): 214-220.

[57] 李晓鹏, 张泰昌, 齐力, 等. 超声速燃烧中的特征尺度及影响因素 [J]. 航空动力学报, 2013, 28(7): 1458-1466.

[58] 李龙, 范学军, 王晶. 高温壁面热流与温度一体化测量传感器研究 [J]. 实验流体力学,

2012, 26(1): 93-99.

[59] 王振国, 杨揖心, 梁剑寒, 等. 超声速气流中稳焰凹腔吹熄极限分析与建模 [J]. 技术科学, 2014, 44(9): 961-972.

[60] Zhang T C, Wang J, Li Q, et al. Blowout limits of cavity-stabilized flame of supercritical kerosene in supersonic combustors [J]. Journal of Propulsion and Power, 2014, 30(5): 1161-1167.

[61] Zhang C H, Li B, Rao B, et al. A shock tube study of the autoignition characteristics of RP-3 jet fuel [J]. Science Direct, 2015, 35: 3151-3158.

[62] Wang Q D, Fang Y M, Wang F, et al. Skeletal mechanism generation for high-temperature oxidation of kerosene surrogates [J]. Combustion and Flame, 2012, 159(1): 91-102.

[63] Cheng X M, Wang Q D, Li J Q, et al. ReaxFF molecular dynamics simulations of oxidation of toluene at high temperatures [J]. Journal of Physical Chemistry A, 2012, 116(40): 9811-9818.

[64] Wang Q D, Wang J B, Li J Q, et al. Reactive molecular dynamics simulation and chemical kinetic modeling of pyrolysis and combustion of n-dodecane [J]. Combustion and Flame, 2011, 158(2): 217-226.

[65] Xiong S Z, Yao Q, Li Z R, et al. Reaction of ketenyl radical with hydroxyl radical over $C_2H_2O_2$ potential energy surface: A theoretical study [J]. Combustion and Flame, 2014, 161(4): 885-897.

[66] Lia A K, Jiao Y, Li S H, et al. Flux projection tree method for mechanism reduction [J]. Energy & Fuels, 2014, 28(8): 5426-5433.

[67] Rao F, Li B, Li P, et al. Shock-tube study of the ignition of gas-phase 1,3,5- trimethylbenzene in air [J]. Energy & Fuels, 2014, 28(11): 6707-6713.

[68] Zhang C H, Li P, Li Y L, et al. Shock-tube study of dimethoxymethane ignition at high temperatures [J]. Energy & Fuels, 2014, 28(7): 4603-4610.

[69] Gong C M, Ning H B, Xu J Q, et al. Experimental and modeling study of thermal and catalytic cracking of n-decane [J]. Journal of Analytical and Applied Pyrolysis, 2014, 110: 1-37.

[70] Guo J J, Wang J B, Hua X X, et al. Mechanism construction and simulation for high-temperature combustion of n-propylcyclohexane [J]. Chemical Research in Chinese Universities, 2014, 30(3): 480-488.

[71] Wang H B, Qin L, Sun M B, et al. A hybrid LES (Large Eddy Simulation)/assumed sub-grid PDF (Probability Density Function) model for supersonic turbulent combustion [J]. Science China: Technological Sciences, 2011, 54(10): 2694-2707.

[72] Sun M B, Gong C, Zhang S H, et al. Spark ignition process in a scramjet combustor fueled by hydrogen and equipped with multi-cavities at Mach 4 flight condition [J]. Experimental Thermal and Fluid Science, 2012, 43: 90-96.

[73] Han X, Zhou J, Lin Z Y, et al. Deflagration-to-detonation transition induced by hot jets in a supersonic premixed airstream [J]. Chinese Physics Letters, 2013, 30(5): 1-3.

[74] Han X, Zhou J, Lin Z Y. Experimental investigations of detonation initiation by hot jets in supersonic premixed flows [J]. Chinese Physics B, 2012, 21(12): 1-5.

[75] Wang H B, Qin L, Sun M, et al. A dynamic pressure-sink method for improving large eddy simulation and hybrid Reynolds-averaged Navier-Stokes-large eddy simulation of wall-bounded flows [J]. Journal of Aerospace Engineering, 2012, 226(9): 1107-1120.

[76] Sun M B, Lei J, Wu H Y, et al. Flow patterns and mixing characteristics of gaseous fuel multiple injections in a non-reacting supersonic combustor [J]. Heat and Mass Transfer, 2011, 47(11): 1499-1516.

[77] Liang J H, Cai X D, Li Z Y, et al. Effects of a hot jet on detonation initiation and propagation in supersonic combustible mixtures [J]. Acta Astronautica, 2014, 105(1): 265-277.

[78] Cai X D, Liang J H, Lin Z Y, et al. Parametric study of detonation initiation using a hot jet in supersonic combustible mixtures [J]. Aerospace Science and Technology, 2014, 39: 442-455.

[79] Cai X D, Liang J H, Lin Z Y, et al. Adaptive mesh refinement based numerical simulation of detonation initiation in supersonic combustible mixtures using a hot jet [J]. Journal of Aerospace Engineering, 2015, 28(1): 1-36.

[80] Cai X D, Liang J H, Lin Z Y, et al. Detonation initiation and propagation in nonuniform supersonic combustible mixtures [J]. Combustion Science and Technology, 2015, 187(4): 525-536.

[81] 向有志, 张堃元, 王磊, 等. 壁面压升可控的高超轴对称进气道优化设计 [J]. 航空动力学报, 2011, 26(10): 2193-2199.

[82] 张林, 张堃元, 王磊, 等. 高超弯曲激波二维进气道初步研究 [J]. 航空动力学报, 2011, 26(11): 2556-2562.

[83] 南向军, 张堃元, 金志光. 基于反正切曲线压升规律设计高超内收缩进气道 [J]. 航空动力学报, 2016, 26(11): 2571-2577.

[84] 苏纬仪, 张新宇, 张堃元. 洛仑兹力控制高超声速进气道边界层分离的数值模拟 [J]. 推进技术, 2011, 32(1): 36-41.

[85] 苏纬仪, 张堃元, 金志光. 高超声速进气道附面层分离无源被动控制 [J]. 推进技术, 2011, 32(4): 455-450.

[86] 苏纬仪, 张堃元, 金志光. 基于遗传算法的高超声速曲面压缩进气道反设计 [J]. 推进技术, 2011, 32(5): 601-605.

[87] 南向军, 张堃元, 金志光, 等. 矩形转圆形高超声速内收缩进气道数值及试验研究 [J]. 航空学报, 2011, 32(6): 988-996.

[88] 苏纬仪, 张堃元, 金志光. 一种抑制激波-边界层相互作用的新型无源被动控制 [J]. 空气动力学报, 2011, 29(6): 738-743.

[89] 刘凯礼, 张堃元. 二元高超声速进气道动态攻角特性风洞实验 [J]. 推进技术, 2012, 33(1): 14-19.

[90] 南向军, 张堃元. 采用新型基准流场的高超声速内收缩进气道性能分析[J]. 宇航学报, 2012, 33(2): 254-259.

[91] Wang X H, Wang J Z. Partial integrated missile guidance and control with finite time convergence [J]. Journal of Guidance, Control and Dynamics, 2013, 36(5): 1399-1411.

[92] Cui L, Yang Y. Disturbance rejection and robust least-squares control allocation in flight control system [J]. Journal of Guidance, Control and Dynamics, 2011, 34(6): 1632-1645.

[93] Duan Z S, Huang L, Yao Y, et al. On the effects of redundant control inputs [J]. Automatica, 2012, 48(9): 2168-2174.

[94] Wei Q K, Niu Z G, Chen B, et al. Bang-bang control applied in airfoil roll control with plasma actuators [J]. Journal of Aircraft, 2013, 50(2): 670-677.

[95] Song Lei, Yang J Y. An improved approach to robust stability analysis and controller synthesis for LPV systems [J]. International Journal of Robust and Nonlinear Control, 2011, 21(13): 1574-1586.

[96] 黄琳, 段志生, 杨剑影. 近空间高超声速飞行器对控制科学的挑战 [J]. 控制理论与应用, 2011, 28(10): 1496-1505.

[97] 陈琛, 王鑫, 闫杰. 升力体构型高超声速飞行器模态稳定性分析 [J]. 西北工业大学学报, 2010, 28(3): 327-331.

[98] 闫斌斌, 孟中杰, 王鑫, 等. 抑制高超声速飞行器级间分离气动干扰的预置舵偏设计方法 [J]. 西北工业大学学报, 2011, 29(5): 757-760.

[99] 张辉, 王鑫, 李杰, 等. 升力体构型高超声速飞行器气动特性分析 [J]. 飞行力学, 2013, 31(2): 118-122.

[100] 孟中杰, 闫杰. 弹性高超声速飞行器建模及精细姿态控制 [J]. 宇航学报, 2011, 32(8): 1683-1687.

[101] 孟中杰, 闫杰. 高超声速弹性飞行器振动模态自适应抑制技术 [J]. 宇航学报, 2011, 32(10): 2164-2168.

[102] 谭毅龙, 闫杰. 针对高超声速飞行器的非线性动态逆最优控制 [J]. 导弹与航天运载技术, 2011(1): 36-39.

[103] 宋磊, 杨剑影, 段志生. 多模型切换系统 H∞鲁棒控制器的设计与应用 [J]. 控制理论与应用, 2010, 27(11): 1531-1536.

[104] Song L, Yang J Y. Smooth switching output tracking control for LPV systems [J]. Asian Journal of Control, 2012, 14(6): 1710-1716.

[105] Zhao Y Y, Yang J Y, Wen G H. H∞ control for uncertain switched nonlinear singular systems with time delay [J]. Nonlinear Dynamics, 2013, 74(3): 649-665.

[106] Zhang Y, Song J S, Ren Z. Neural network dynamic inversion with application to reentry process of a hypersonic vehicle [C]// International Conference on Advanced Computational

Intelligence, Nanjing, 2012.

[107] Song J H, Liu H T, Ren Z. Self-regulation controller design based on disturbance estimation for reusable launch vehicle [C]// International Conference on Automatic Control and Artificial Intelligence, Xiamen, 2012.

[108] Song J H, Ren Z, Shen Z. Self-regulation control scheme for reusable launch vehicle reentry attitude control [C]// International Conference on Advanced Computational Intelligence, Nanjing, 2012.

[109] Peng J, Qu X, Ren Z. Fuzzy sliding mode control design for reusable launch vehicles [C]// International Conference on Advanced Computational Intelligence, Nanjing, 2012.

[110] 雷正东, 杨剑影, 赵阳阳. 基于挠性吸气式高超声速飞行器的传感器容错控制 [J]. 航空兵器, 2012(2): 3-9.

[111] 张臻, 王玉坤, 毛剑琴. 基于模糊树逆方法的高超飞行器变质心控制 [J]. 信息科学, 2012, 42(11): 1379-1390.

[112] Zhang Z, Chen Q W, Mao J Q. Generalized Prandtl-Ishlinskii model for rate-dependent hysteresis-modeling and its inverse compensation for giant magnetostrictive actuator [C]// Proceeding of the 31st Chinese Control Conference, Hefei, 2012.

[113] Zhang W, Zhang Z, Mao J Q, et al. Modeling and control of rate-dependent hysteresis based on Hammerstein-like system by using fuzzy tree method [C]// Proceeding of the 31st Chinese Control Conference, Hefei, 2012.

[114] Wu Z G, Yang C. A new approach for aeroelastic robust stability analysis [J]. Chinese Journal of Aeronautics, 2008, 21(5): 417-422.

[115] Zhang X T, Wu Z G, Yang C. New flutter-suppression method for a missile fin with an actuator [J]. Journal of Aircraft, 2013, 50(3): 989-995.

[116] Yang C, Yang Y X, Wu Z G. Shape sensitivity analysis of flutter characteristics of a low aspect ratio supersonic wing using analytical method [J]. Science China: Technological Sciences, 2012, 55(12): 3370-3377.

[117] Wan Z Q, Liang L, Yang C. Method of the jig shape design for a flexible wing [J]. Journal of Aircraft, 2014, 51(1): 327-331.

[118] Wan Z Q, Wang Y K, Liu Y Z, et al. A high-efficiency aerothermoelastic analysis method [J]. Science China: Physics, Mechanics & Astronomy, 2014, 57(6): 1111-1118.

[119] Wu Z Z, Yang N, Yang C. Identification of nonlinear multi-degree-of freedom structures based on Hilbert transformation [J]. Science China: Physics, Mechanics & Astronomy, 2014, 57(9): 1725-1736.

[120] Wan Z Q, Zhang B C, Du Z L, et al. Aeroelastic two-level optimization for preliminary design of wing structures considering robust constraints [J]. Chinese Journal of Aeronautics, 2014, 27(2): 259-265.

[121] 吴志刚, 樊龙飞, 杨超, 等. 推力耦合的高超声速飞行器气动伺服弹性研究 [J].

航空学报, 2012, 33(8): 1355-1363.

[122] 许云涛, 吴志刚, 杨超. 地面颤振模拟试验中的非定常气动力模拟 [J]. 航空学报, 2012, 33(11): 1947-1957.

[123] Shao K, Wu Z G, Yang C. Analysis and flexible structural modeling for oscillating wing utilizing aeroelasticity [J]. Chinese Journal of Aeronautics, 2008, 21(5): 402-410.

[124] Sun S P, Cao D Q, Han Q K. Vibration studies of rotating cylindrical shells with arbitrary edges using characteristic orthogonal polynomials in the Rayleigh–Ritz method [J]. International Journal of Mechanical Sciences, 2013, 68: 180-189.

[125] Zhao H, Cao D Q. A study on the aero-elastic flutter of stiffened laminated composite panel in the supersonic flow [J]. Journal of Sound and Vibration, 2013, 332(19): 4668-4679.

[126] Cao D Q, Zhao N. Active control of supersonic/hypersonic aeroelastic flutter for a two-dimensional airfoil with flap [J]. Technological Sciences, 2011, 54(8): 1943-1953.

[127] Guo H L, Chen Y S. Supercritical and subcritical Hopf bifurcation and limit cycle oscillations of an airfoil with cubic nonlinearity in supersonic [J]. Nonlinear Dynamics, 2012, 67(4): 2637-2649.

[128] 赵海, 曹登庆, 龙钢. 基于动态吸振器的高超声速复合材料壁板颤振抑制及其优化设计 [J]. 航空动力学报, 2013, 23(10): 2202-2208.

[129] Lin L, Cao D Q, Sun S P. Vibration analysis for rotating ring-stiffened cylindrical shells with arbitrary boundary conditions [J]. Journal of Vibration and Acoustics, 2013, 135(6): 1-12.

[130] 孙述鹏, 曹登庆, 初世明. 转动薄壁圆柱壳行波振动响应分析 [J]. 振动工程学报, 2013, 26(3): 459-466.

[131] Cao D Q, Song M T, Tucker R W, et al. Dynamic equations of thermoelastic Cosserat rods [J]. Communications in Nonlinear Science and Numerical Simulation, 2013, 18(7): 1880-1887.

[132] Sun S P, Cao D Q, Chu S M. Free vibration analysis of thin rotating cylindrical shells using wave propagation approach [J]. Archive of Applied Mechanics, 2013, 83(4): 521-531.

[133] Chen H, Feng X, Huang Y, et al. Experiments and viscoelastic analysis of peel test with patterned strips for applications to transfer printing [J]. Journal of the Mechanics and Physics of Solids, 2013, 61(8): 1737-1752.

[134] Dong X L, Feng X, Hwang K C, et al. Full-field measurement of nonuniform stresses of thin films at high temperature [J]. Optics Express, 2011, 19(14): 13201-13208.

[135] Dong X L, Feng X, Hwang K C. Oxidation stress evolution and relaxation of oxide film/metal substrate system [J]. Journal of Applied Physics, 2012, 112(2): 1-6.

[136] Dong, X L, Fang X F, Feng X. Diffusion and Stress Coupling Effect during Oxidation at High Temperature [J]. Journal of the American Ceramic Society, 2013, 96(1): 44-46.

[137] Ruan J L, Feng X, Zhang G B, et al. Dynamic thermoelastic analysis of a slab using

finite integral transformation method [J]. AIAA Journal, 2010, 48(8): 1833-1839.

[138] Huang Y, Feng X, Qu B. Slippage toughness measurement of soft interface between stiff thin films and elastomeric substrate [J]. Review of Scientific Instruments, 2011, 82(10): 1-4.

[139] Jiang D J, Feng X, Qu B, et al. Rate-dependent interaction between thin films and interfaces during micro/nanoscale transfer printing [J]. Soft Matter, 2012, 8(2): 418-423.

[140] Wang Y, Feng X, Lu B W, et al. Surface effects on the mechanical behavior of buckled thin film [J]. Journal of Applied Mechanics, 2013, 80(2): 1-9.

[141] Wang Y, Feng X. Dynamic behaviors of controllably buckled thin films [J]. Applied Physics Letters, 2009, 95(23): 1-3.

[142] Dong X L, Feng X, Hwang K C. Non-uniform stress distribution and deformation bifurcation of thin film/substrate system subjected to gradient temperature [J]. Thin Solid Films, 2011, 519(8): 2464-2469.

[143] Zhao D, Zhang C R, Hu H F, et al. Ablation behavior and mechanism of 3D C/ZrC composite in oxyacetylene torch environment [J]. Composites Science and Technology, 2011, 71(11): 1392-1396.

[144] Chen S A. Mechanism of ablation of 3D C/ZrC-SiC composite under an oxyacetylene flame [J]. Corrosion Science, 2013, 68: 168-175.

[145] Zhao D. Preparation and characterization of three-dimensional carbon fiber reinforced zirconium carbide composite by precursor infiltration and pyrolysis process [J]. Ceramics International, 2011, 37(7): 2089-2093.

[146] Zhao D, Hu H F, Zhang C R. A simple way to prepare precursors for zirconium carbide [J]. Journal of Materials Science & Technology, 2010, 45(23): 6401-6405.

[147] Hu H F, Wang Q K, Chen Z H, et al. Preparation and characterization of C/SiC–ZrB$_2$ composites by precursor infiltration and pyrolysis process [J]. Ceramics International, 2010, 36(3): 1011-1016.

[148] Li L L, Wang Y G, Cheng L F, et al. Preparation and properties of 2D C/SiC–ZrB$_2$–TaC composites [J]. Ceramics International, 2011, 37(3): 891-896.

[149] Chen S A, Zhang C R, Zhang Y D, et al. Preparation and properties of carbon fiber reinforced ZrC–ZrB$_2$ based composites via reactive melt infiltration [J]. Composites: Part B, 2014, 60: 222-226.

[150] Chen S A. Effects of SiC interphase by chemical vapor deposition on the properties of C/ZrC composite prepared via precursor infiltration and pyrolysis routet [J]. Materials & Design, 2013, 46: 497-502.

[151] Chen S A. Effects of polymer derived SiC interphase on the properties of C/ZrC composites [J]. Materials & Design, 2014, 58: 102-107.

[152] Zhao D, Zhang C R, Hu H F, et al. Effect of SiC on the oxidation resistance performance

of C/ZrC composite prepared by polymer infiltration and pyrolysis process [J]. Materials Science Forum, 2011, 675-677: 415-418.

[153] Song F, Meng S H, Xu X H, et al. Enhanced thermal shock resistance of ceramics through biomimetically inspired nanofins [J]. Physical Review Letters, 2010, 104(12): 1-4.

[154] Shao Y F, Xu X H, Meng S H, et al. Crack patterns in ceramic plates after quenching [J]. Journal of the American Ceramic Society, 2010, 93(10): 3006-3008.

[155] Liu Q N, Song F, Meng S H, et al. Universal Biot number determining stress duration and susceptibility of ceramic cylinders to quenching [J]. Philosophical Magazine, 2010, 90(13): 1725-1732.

[156] Song F, Liu Q N, Meng S H, et al. A universal Biot number determining the susceptibility of ceramics to quenching [J]. Europhysics Letters, 2009, 87(5): 1-3.

[157] Liu Q N, Meng S H, Jiang C P, et al. Critical Biot's number for determination of the sensitivity of spherical ceramics to thermal shock [J]. Chinese Physics Letters, 2010, 27(8): 1-4.

[158] Zhang Z P, Shao Y F, Song F. Characteristics of crack patterns controlling the retained strength of ceramics after thermal shock [J]. Frontiers of Materials Science in China, 2010, 4(3): 251-254.

[159] Xu S L, Cai Y W, Cheng G D. Volume preserving nonlinear density filter based on heaviside functions [J]. Structural Multidisciplinary Optimization, 2010, 41(4): 495-505.

[160] Niu B, Yan J, Cheng G D. Optimum structure with homogeneous optimum cellular material for maximum fundamental frequency [J]. Structural Multidisciplinary Optimization, 2009, 39(2): 115-132.

[161] Wang B, Yan J, Cheng G D. Optimal structure design with low thermal directional expansion and high stiffness [J]. Engineering Optimization, 2011, 43(6): 581-595.

[162] Fan H L, Fang D N, Chen L M, et al. Manufacturing and testing of a CFRC sandwich cylinder with Kagome cores [J]. Composites Science and Technology, 2009, 69(15-16): 2695-2700.

[163] Hao P, Wang B, Li G. Surrogate-based optimum design for stiffened shells with adaptive sampling [J]. AIAA Journal, 2012, 50(11): 2389-2410.

[164] Zhou P, Wu C W. Liquid water transport mechanism in the gas diffusion layer [J]. Journal of Power Sources, 2010, 195(5): 1408-1415.

[165] Yuan G M, Li X K, Dong Z J, et al. Graphite blocks with preferred orientation and high thermal Conductivity [J]. Carbon, 2012, 50(1): 175-182.

[166] Yuan G M, Li X K, Dong Z J, et al. The structure and properties of ribbon-shaped carbon fibers with high orientation [J]. Carbon, 2014, 68: 426-439.

[167] Yuan G M, Li X K, Dong Z J, et al. Pitch-based ribbon-shaped carbon-fiber-reinforced

one-dimensional carbon/carbon composites with ultrahigh thermal conductivity [J]. Carbon, 2014, 68: 413-425.

[168] Zhang X, Dong Z J, Huang Q, et al. Preparation of zirconium diboride powders by co-pyrolysis of a zirconium-containing organic precursor and polyborazine using a solution based method [J]. Ceramics International, 2014, 40(9): 15207-15214.

[169] Dong Z J, Liu S X, Li X K, et al. Influence of infiltration temperature on the microstructure and oxidation behavior of SiC–ZrC ceramic coating on C/C composites prepared by reactive melt infiltration [J]. Ceramics International, 2015, 41(1): 797-811.

[170] Dong Z J, Zhang X, Huang Q, et al. Synthesis and pyrolysis behavior of a soluble polymer precursor for ultra-fine zirconium carbide powders [J]. Ceramics International, 2015, 41(6): 7359-7365.

[171] 袁观明, 李轩科, 董志军, 等. 沥青基高取向带状炭纤维的制备及表征 [J]. 无机材料学报, 2011, 26(10): 1025-1030.

[172] 林剑锋, 袁观明, 李轩科, 等. 一维高导热 C/C 复合材料的制备研究 [J]. 无机材料学报, 2013, 28(12): 1338-1344.

[173] 熊小庆, 袁观明, 李轩科, 等. 不同晶体取向中间相沥青基带状炭纤维的制备与表征 [J]. 无机材料学报, 2014, 29(11): 1186-1192.

[174] 袁观明, 李轩科, 董志军, 等. 高导热中间相沥青基炭纤维的微观结构分析 [J]. 功能材料, 2011, 42(10): 1806-1809.

[175] Pan B, Li K, Tong W, Fast. Robust and accurate digital image correlation calculation without redundant computations [J]. Experimental Mechanics, 2013, 53(7): 1277-1289.

[176] Yu L P, Pan B. The errors in digital image correlation due to overmatched shape functions [J]. Measurement Science and Technology, 2015, 26(4): 1-8.

[177] Huang X F, Liu Z L, Xie H M. Recent progress in residual stress measurement techniques [J]. Acta Mechanica Solida Sinica, 2013, 26(6): 570-583.

[178] Li G, Zhang C, Hu H, et al. Preparation and mechanical properties of C/SiC nuts and bolts [J]. Materials Science & Engineering A, 2012, 547(15): 1-5.

[179] Jin H, Meng S, Zhu Y, et al. Effect of environment atmosphere on thermal shock resistance of the ZrB_2-SiC-graphite composite [J]. Materials & Design, 2013, 50: 509-514.

[180] Qi F, Meng S, Guo H. Repeated thermal shock behavior of the ZrB_2-SiC-ZrC ultrahigh-temperature ceramic [J]. Materials & Design, 2012, 35: 133-137.

[181] Zhou Z, Song F, Shao Y, et al. Characteristics of the surface heat transfer coefficient for Al_2O_3 ceramic in water quench [J]. Journal of the European Ceramic Society, 2012, 32(12): 3029-3034.

[182] Hu P, Gui K X, Dong S, Zhang X H. Effect of SiC content on the ablation and oxidation behavior of ZrB_2-based ultra high temperature ceramic composites [J]. Materials, 2013, 6(5): 1730-1744.

[183] Xu B S, Hong C Q, Qu Q, et al. Preparation of a multi-composition coating for oxidation protection of modified carbon-bonded carbon fiber composites by a rapid sintering method [J]. Surface and Coatings Technology, 2015, 270: 109-116.

[184] Li G, Zhang Y, Zhang C, et al. Design, preparation and properties of online-joints of C/SiC–C/SiC with pins [J]. Composites Part B: Engineering, 2013, 48: 134-139.

附录2　代表性发明专利

"近空间飞行器的关键基础科学问题"代表性发明专利一览表

项目批准号	发明名称	发明人（排名）	专利号	专利申请时间	专利权人	授权时间
91216114	一种用于高超声速风洞连续变凸起物高度的试验装置	李素循（1）	ZL201110364077.3	2011-11-15	中国航天空气动力技术研究院	2014-11-12
91216113	双色磷光测温涂料	毕志献（1）伍超华（3）李睿劬（6）	ZL200910241348.9	2009-11-30	中国航天空气动力技术研究院、中国科学院长春应用化学研究所	2012-10-03
90916028	一种高超声速飞行器逆向脉冲爆炸防热利减阻方法	姜宗林（1）韩桂来（2）刘云峰（3）	ZL200610169684.3	2006-12-27	中国科学院力学研究所	2008-10-08
90816026	一种可变体飞行器气动测试系统	陈钱（1）白鹏（2）李锋（3）	ZL201110253314.9	2013-07-10	中国航天空气动力技术研究院	2013-07-10
90916001	一种飞行器多体分离模拟方法	刘周（1）周伟江（2）龚安（3）	ZL201110381969.4	2011-11-25	中国航天空气动力技术研究院	2014-05-14
90716027	控制通道在线实时辨识的压电智能结构振动主动控制方法	朱晓锦（1）	ZL201110033217.9	2012-10-31	上海大学	2012-10-31
90716028	近空间高超声速飞行器非线性自适应控制方法	都延丽（1）吴庆宪（2）姜长生（3）	ZL201010250141.0	2010-10-01	南京航空航天大学	2013-04-10
90716028	近空间高超声速飞行器运动控制仿真方法	程路（1）王宇飞（2）姜长生（3）	ZL201010537312.8	2010-10-01	南京航空航天大学	2013-04-10

续表

项目批准号	发明名称	发明人（排名）	专利号	专利申请时间	专利权人	授权时间
91016018	临近空间飞行器控制方法仿真与验证方法	宗群（1）	ZL201110299530.7	2011-09-28	天津大学	2014-03-12
91016019	基于环路状态自检测的 SINS/GPS 深组合导航方法	李荣冰（2）刘建业（3）孙永荣（4）曾庆化（7）	ZL201210106107.5	2012-04-12	南京航空航天大学	2013-10-02
90916014	用于高超声速升力体飞行器的动力转接方法和飞行器	谭慧俊（1）	ZL200910032865.5	2009-06-04	南京航空航天大学	2012-09-05
90916018	一种自由射流试验系统的燃气引射系统	王振国（1）刘伟强（5）	ZL201010049207.X	2010-07-28	中国人民解放军国防科技大学	2012-02-22
90916030	一种耐高耐高化硅的制备方法	张立同（4）	ZL201110100283.3	2011-04-21	西北工业大学	2013-04-03
91016004	吸热型碳氢燃料高温裂解的热沉测定装置及其测定方法	李象远（1）	ZL201110416364.4	2011-12-14	四川大学	2014-04-09
91016005	用于长时间超声速燃烧的空气加热装置	王晶（1）范学军（5）	ZL201310688119.8	2013	中国科学院力学研究所	2016-01-13
91016029	材料烧蚀率动态测试装置及方法	孟松鹤（1）解维华（5）许承海（6）	ZL201310358793.X	2013-08-08	哈尔滨工业大学	2014-06-18

续表

项目批准号	发明名称	发明人（排名）	专利号	专利申请时间	专利权人	授权时间
91016003	一种制备高纯中间相沥青的方法及制得的高纯中间相沥青	李轩科（1）	ZL201210432308.4	2012-10-04	济宁碳素集团有限公司，武汉科技大学	2013-12-04
91116006	一种在线施加载荷的烧蚀测试装置及方法	冯雪（1）	ZL201310129763.1	2013-04-15	清华大学	2014-11-19
90716023	纤维增强 ZrC 陶瓷基复合材料的制备方法	王一光（1）成来飞（2）张立同（3）	ZL200910024395.8	2009-10-02	西北工业大学	2012-05-30
90816020	耐超高温陶瓷涂层的制备方法	胡海峰（1）	ZL200810031692.0	2008-07-07	国防科技大学	2011-05-18

注：1. 承担项目的专家已申请国内专利 398 项，授权 270 项。表中只列了由本重大研究计划资助、已获授权的代表性发明专利 20 项。
2. 只列举了与本重大研究计划资助项目有关的发明人，括号中为排名顺序。

附录3 获得国家科学技术奖励项目

"近空间飞行器的关键基础科学问题"获得国家科学技术奖励项目一览表

项目批准号	获奖项目名称	完成人（排名）	完成单位	获奖项目编号	获奖类别	获奖等级	获奖年份
90916027	机械结构系统的整体式构型设计理论与方法研究	张卫红（1）	西北工业大学	Z-109-2-02	Z	国家二等奖	2015
90916011 91116007	形状记忆和电致活性聚合物复合材料的主动变形机理与力学行为	冷劲松（1）	哈尔滨工业大学	Z-110-2-01	Z	国家二等奖	2015
90916003 91216124	复杂耦合动态系统控制与应用	段志生（1）黄琳（2）	北京大学	Z-107-2-02	Z	国家二等奖	2015
90916024 91116016	运动座载设备协调控制关键技术及应用	贾英民（1）	北京航空航天大学	F-30901-2-02	F	国家二等奖	2015
91016015	耐高温杂化硅树脂及其复合材料制备关键技术	黄玉东（1）刘丽（2）	哈尔滨工业大学	F-30701-2-02	F	国家二等奖	2015
91216301	超高温条件下复合材料的热致损伤机理和失效行为	张幸红（3）	哈尔滨工业大学	Z-110-2-01	Z	国家二等奖	2014
91016004	多源干扰系统建模、分析与控制理论研究	孙长银（2）吴淮宁（3）	东南大学 北京航空航天大学	Z-107-2-05	Z	国家二等奖	2013
91216108	纳米结构金属力学行为及尺度效应的微观机理研究	魏悦广（2）	中科院力学所	Z-110-2-01	Z	国家二等奖	2013
90815003 91116020	大行程、高精度、快响应直线压电电机	赵淳生（1）	南京航空航天大学	F-30801-2-03	F	国家二等奖	2013
90816018	高性能复相碳化硅陶瓷内加热器关键技术及应用	王红洁（6）	西安交通大学	F-307-2-09	F	国家二等奖	2012

续表

项目批准号	获奖项目名称	完成人（排名）	完成单位	获奖项目编号	获奖类别	获奖等级	获奖时间
90816018	高性能复相碳化硅陶瓷内衬热器关键技术及应用	王红洁（6）	西安交通大学	F-307-2-09	F	国家二等奖	2012
90816005	含超薄金属内衬轻量化复合材料压力容器设计与制备技术	赫晓东（1） 王荣国（2） 矫维成（4）	哈尔滨工业大学	F-307-2-12	F	国家二等奖	2012
90916026	非线性应力波传播理论进展及应用	虞吉林（3）	宁波大学、总参工程兵科研三所、中国科学技术大学	Z-110-2-03	Z	国家二等奖	2012
90816022	红外热辐射光谱特性与传输机理研究	夏新林（3）	哈尔滨工业大学	Z-109-2-01	Z	国家二等奖	2009

注：1. 本重大研究计划项目研究成果支撑获得国家自然科学奖二等奖8项，国家技术发明奖二等奖5项，国际学术奖一等奖4项，省部级科学技术奖一等奖12项，二等奖10项。表中只列出了与本重大研究计划资助项目有关的完成人；括号中为排名顺序。

2. "Z"代表国家自然科学奖，"F"代表国家技术发明奖。

索　引
（**按拼音排序**）

图书在版编目（CIP）数据

近空间飞行器的关键基础科学问题 / 近空间飞行器
的关键基础科学问题项目组编. —杭州：浙江大学出版
社，2020.4
ISBN 978-7-308-19774-8

Ⅰ.近…　Ⅱ.①近…　Ⅲ.①高超音速飞行器—研究
Ⅳ.①V47

中国版本图书馆CIP数据核字（2019）第264206号

近空间飞行器的关键基础科学问题
近空间飞行器的关键基础科学问题项目组　编

丛书统筹	国家自然科学基金委员会科学传播中心
	唐隆华　张志旻　齐昆鹏
策划编辑	徐有智　许佳颖
责任编辑	金佩雯
责任校对	汪淑芳　蔡晓欢
封面设计	程　晨
出版发行	浙江大学出版社
	（杭州市天目山路148号　邮政编码310007）
	（网址：http://www.zjupress.com）
排　版	杭州隆盛图文制作有限公司
印　刷	浙江海虹彩色印务有限公司
开　本	710mm×1000mm　1/16
印　张	10
字　数	138千
版 印 次	2020年4月第1版　2020年4月第1次印刷
书　号	ISBN 978-7-308-19774-8
定　价	98.00元